Kampagnen führen

Dominik Pietzcker

Kampagnen führen

Potenziale professioneller Kommunikation im digitalen Zeitalter

Springer Gabler

Dominik Pietzcker
Berlin
Deutschland

ISBN 978-3-658-07193-6 ISBN 978-3-658-07194-3 (eBook)
DOI 10.1007/978-3-658-07194-3

Die Deutsche Nationalbibliothek verzeichnet diese Publikation in der Deutschen Nationalbibliografie; detaillierte bibliografische Daten sind im Internet über http://dnb.d-nb.de abrufbar.

Springer Gabler

Springer Fachmedien Wiesbaden ist Teil der Fachverlagsgruppe Springer Science+Business Media
(www.springer.com)

„Variety in unity.“

T.S. Eliot, Notes towards a Definition of Culture

Vorwort

Wie lassen sich Kommunikationskampagnen im digitalen Zeitalter sinnvoll führen? Der Themenkreis rund um Markenbild, Massen- und Individualkommunikation hat sich um einen weiteren Ring vergrößert. Die digitalen Medien setzen tradierte Kommunikationsformen und damit auch die Methoden und Instrumentarien der Kampagnenführung massiv unter Druck. Ist der Begriff Kampagne im digitalen Zeitalter nicht längst obsolet?

Es gibt gute Gründe, die dafür sprechen, dass trotz des ebenso tiefgreifenden wie umfassenden medialen Wandels die konzeptionellen Ansätze, Methoden und Wirkungsweisen von Kommunikationskampagnen weiterhin überlebensfähig sind. Noch immer geht es im Kern darum, definierte Zielgruppen in selektiven Medien mit für sie relevanten Bild- und Sprachinhalten zu erreichen. Interesse, Aufmerksamkeit und Verständnis erringt man auch heute nicht über das Medium, sondern allein über den ihm anvertrauten Inhalt. Die Medien selbst sind ja nichts anderes als ein leerer Schlauch. Ohne die transportierten Inhalte blieben sie vollkommen sinnentleert. Diese Inhalte aber stammen aus externen Quellen, aus der Lebenswirklichkeit selbst. Auch Kampagnen leben in erster Linie durch ihre Bilder, ihre Sprache und Anknüpfungsfähigkeiten im Bewusstsein ihres Adressatenkreises. Die Erlebniswelt von Kampagnen ist eben nicht virtuell, sondern real.

Wie lassen sich Kommunikationskampagnen konzipieren, erschaffen und professionell einsetzen? Das vorliegende Buch reflektiert Erfahrungen aus den Bereichen Marketing, Kommunikation und Sozialwissenschaft. Auch Kampagnen finden stets im gesellschaftlichen Raum statt und können ihn nicht ausblenden. In diesem Sinne sind Kampagnen nichts anderes als der mediale Spiegel ihrer Zeit und ihrer jeweiligen Gesellschaftsform. Deshalb ist die Perspektive auf die Gesellschaft, ihre Milieus, Werte und Verhaltensnormen auch für die angewandte Kommunikation so wichtig.

Einen breiten Raum nehmen in diesem Band praktische Beispiele und ihre Diskussion ein. Die Übersetzung von theoretischen Grundlagen in praktisches Know-how erfolgt dabei möglichst direkt und unverstellt. Das Buch macht den Arbeitsprozess der Kampagnenführung und -steuerung transparent und befähigt den Leser, selbst das Steuerrad der Kommunikation zu übernehmen. Die Beispiele sind so gewählt, dass sie Rückschlüsse auf andere Ausdrucksformen und konkrete Umsetzungen zulassen.

Ob Unternehmen, Vertrieb, Organisationen, Parteien oder Standorte – sie alle benötigen professionelle Kommunikation, um wahrgenommen zu werden. Deshalb kommen in diesem Band auch professionelle Kommunikationsmanager und -managerinnen aus den Bereichen Marketing, PR, Werbung, Social Media, Verbandskommunikation und Consulting ausführlich zu Wort. Sie reflektieren ihre eigene Berufspraxis und werfen, jeder auf seine Weise, ein Schlaglicht darauf, welche Kraft Kommunikation und Kampagnenführung noch immer entfalten: online, offline und – vor allem – im Bewusstsein der zunehmend ausdifferenzierten Zielgruppen.

In drei Worten: Kampagnen haben Zukunft.

Danksagung

Kein Buch wird allein geschrieben, und auch dieses macht keine Ausnahme. Mein ausdrücklicher Dank geht an alle Interviewpartner, die sich trotz starker beruflicher Verpflichtung die Zeit genommen haben, über ihre Tätigkeit ausführlich zu sprechen und zu reflektieren. Ute Gunsenheimer, Thomas Avenhaus und Prof. Heinz-Jürgen Kristahn danke ich zudem für die freundliche Druckerlaubnis der Kampagnenbeispiele. Wertvoll und weiterführend waren auch die lebhaften Diskussionen im Kollegenkreis, insbesondere mit Peter Königsfeld und Astrid Friese. Angela Meffert vom Verlag Springer Gabler danke ich besonders für ihren Langmut bei der inhaltlichen Betreuung des Buches und für ihr Organisationsgenie beim Erstellen der Endfassung. Nicht zuletzt dankt der Autor dem Zauberberg in Berlin für den stets gastlichen Aufenthalt und die zahlreichen Mußestunden, die das Schreiben überhaupt erst möglich gemacht haben.

Berlin, Oktober 2015

Inhaltsverzeichnis

1 Die Verbindung von Menschen und Märkten

Zur Relevanz der Kampagnenführung vor dem Hintergrund des radikal gewandelten Medienverhaltens

Mit Kampagnen gewinnt man neue Märkte. Aber wie lässt sich, zumindest mit einer gewissen Wahrscheinlichkeit, gewährleisten, dass die potenziellen Teilnehmer dieser Märkte – Kunden, Käufer, Konsumenten – auch erreicht, überzeugt und aktiviert werden? Die Krise der klassischen Medien Print und Fernsehen, die ideal geeignet waren, um homogene Massen mit homogenen Botschaften zu versorgen, führt in Konsequenz auch zu einer Atomisierung der Kommunikation (vgl. Beuchler 2014, S. 12). Aus Märkten und Milieus wurde das digitale Netz, verbunden über eine Vielzahl individueller Schnittstellen. Diese radikale Tendenz zur Fragmentierung, die mit einer Verdichtung individueller Schnittpunkte in digitalen Medien einhergeht, wird sich auch in Zukunft verstärken und beschleunigen.[1]

Vor diesem technologischen Hintergrund haben produzierende Unternehmen, Dienstleistungsbetriebe und Kommunikationsagenturen innerhalb weniger Jahre mehr oder weniger schmerzhaft gelernt, in neuen Begriffen und Zusammenhängen zu denken. Kunden wurden *User*, Ansprache wurde *Dialog*, Impuls wurde *Interaktivität*. Nur so konnte und kann die *Brücke zum Konsumenten*, diese ebenso kostbare wie unabdingbare kommunikative Grundlage, weiterhin aufrechterhalten werden. Neue Zeiten erfordern in der Tat neue Methoden, Denkweisen und Praktiken. Die Treiber dieser technologisch und ökonomisch motivierten Veränderungen werden dabei oftmals selbst zu Getriebenen. Atemlosigkeit ist der Rhythmus der Gegenwart.

Nicht der Kontakt zum Marktteilnehmer ist nunmehr entscheidend, sondern die gegenseitige *Verknüpfung* – von Unternehmen zu Stakeholdern, von Produkten zu

---

[1] Für diese Einschätzung bedarf es keiner prognostischen Fähigkeiten; es genügt ein Blick auf die Wachstumszahlen der Internetbranche. Im Zeitraum von 2008 bis 2014 hat sich der Umsatz allein im Bereich End-User-Interaktion von 19,6 Mrd. auf 42,5 Mrd. € mehr als verdoppelt (vgl. BVDW 2014, S. 8).

D. Pietzcker, *Kampagnen führen*, DOI 10.1007/978-3-658-07194-3_1

Verbrauchern, von Services zu Kunden. Nicht die breite und daher in der Tendenz eher nivellierte Ansprache ist ökonomisch zielführend, sondern die medial ausdifferenzierte. Hybrides Medien- und Informationsverhalten auf Seiten der potenziellen Konsumenten ist längst Realität. Ebenso gehört die kleinteilige Auffächerung der unterschiedlichen Medienkanäle – ob Radio oder Zeitung, Plakat oder Fernsehen, Internetpräsenz oder Social Media – zum Alltag der Medientreibenden. In diesem Sinne sitzen Journalisten, PR-Berater, Werbefachleute, Media- und Marketingentscheider im selben Boot. Sie alle repräsentieren nur noch Segmente, keine Totalität mehr und sind in ihrer Arbeitsweise durch genau das geprägt, was sie stets und ständig kommentieren. Die breite Streuung der Informationen durch eine Vielzahl an Informationskanälen ist schlichtweg eine irreversible Tatsache; Exklusivität eines der raresten Güter. Dadurch verändern sich nicht nur die Geschäftsmodelle der Medienwirtschaft, sondern auch der Blick auf den Konsumenten.

Konnte man in der Vergangenheit durch Markt- und Milieustudien, empirische Datenerhebung und Sozialforschung den Eindruck gewinnen, man würde gewissermaßen wie durch ein scharf gestelltes Fernglas einen repräsentativen Blick auf die jeweilige Ziel- und Anspruchsgruppe werfen, erscheint diese nun wie durch ein Kaleidoskop, vielfach gespiegelt und medial gebrochen, paradox und fragmentarisch. Aufgrund des hybriden Medienverhaltens verliert der Begriff Zielgruppe selbst an Präzision, Trennschärfe und Operationalität. Dadurch wird es zunehmend schwieriger, verlässliche Informationen über das Verbraucherverhalten zu gewinnen, das längst kein konsistentes mehr ist.

Der Feedbackkanal der sozialen Medien ist zwar eingerichtet, aber die gewonnene Datenflut überfordert selbst diejenigen, die sie als Quelle nutzen wollen. Ein typischer *User* der Gegenwart sucht und findet seine Informationen wahlweise auf einem Online-Portal, auf den Websites diverser Zeitungs- und Medienunternehmen, auf Blogs, die ihm empfohlen wurden, oder mithilfe von Apps auf einem mobilen Endgerät.[2] Wer aber alle Mosaiksteine zusammenlegen wollte, würde noch immer kein einheitliches Bild erhalten, sondern eine vollkommen ambivalente, in sich widersprüchliche und paradox oszillierende Oberfläche.

Das Feld ist also unübersichtlicher geworden. Aus der Perspektive werbetreibender Unternehmen ergeben sich aus dem neuen Medienverhalten der Marktteilnehmer einige offene und noch immer schwer zu lösende Rätsel. Der ökonomisch wesentlichste Aspekt ist dabei die zielgruppenadäquate Zuordnung von Botschaften und Medienkanälen:

---

[2] „Mit zwölf Jahren nutzt die große Mehrheit der Jugendlichen ein Smartphone (85 %)." (Bitkom 2014).

> Die Frage nach den Spannungsmomenten in den Netzwerken scheint auf den ersten Blick widersprüchlich zu sein, lenkt der Begriff des Netzwerkes doch zuallererst die Aufmerksamkeit auf das Verbindende und weniger auf das Exkludierende. (…) Über In- und Exklusion entscheiden (…) gemeinsame Kommunikationscodes, gemeinsame Werte und letztlich eine gemeinsame Orientierung hin zu Ideologemen oder gar ganzen Ideologien. (Niesyto 2010, S. 267)

Einheitlichkeit ist gefordert in einem Kommunikationsmarkt, dessen vorherrschendes Merkmal die Unverbindlichkeit ist. Um in einem solchen Umfeld klassische Marketingziele wie Awareness, Image, Reichweite und Durchdringung zu erreichen, müssen die Kommunikationsmittel selbst neu bedacht und modifiziert werden.

Von diesem *Prozess der medialen Veränderung* handelt dieses Buch. Integrierte Kommunikation als Campaigning ist das Thema und damit die Frage, auf welche Weise konsistente und konsequente Botschaftsvermittlung simultan über mehrere voneinander unabhängige Kommunikationskanäle möglich und umsetzbar ist. Strategien müssen hierfür in der Praxis entworfen, Konzepte entwickelt, Ideen gefunden, Schlüsselbegriffe definiert und neue Bildwelten erschaffen werden. Denn nur in der konzertierten Aktion werden Zielgruppen überhaupt noch erreicht. Dieser arbeitsteilige, primär geistige Prozess hat längst alle Branchen und Institutionen erfasst. Ob Wirtschaftsunternehmen in industrieller Produktion oder Dienstleistung, Organisationen oder Institutionen, Parteien, Verbände oder Nichtregierungsorganisationen – sie alle benötigen, in unterschiedlichen Intensitäten und Ausdrucksformen, professionelle Kommunikation und Kampagnenführung, um mit ihren spezifischen Inhalten, Angeboten und Botschaften wahrgenommen zu werden. Sie brauchen und nutzen diese Befähigung zur Kommunikation jedoch nicht schlechthin, sondern in zeitgemäßer Ausdrucksweise und medial außerordentlich differenziert.

Der Begriff Kampagnenführung wird hier als Zusammenspiel unterschiedlicher Medien mit einheitlicher Botschaft und stringenter Informationsführung verstanden. Seine Herkunft aus dem Militärischen kann der Begriff Kampagne wohl kaum verleugnen. Stets handelt es sich dabei um einen Akt der kommunikativen Aggression und Gebietsüberschreitung in dem Sinne, als es gilt, in das Bewusstsein der im Voraus festgelegten Ziel- und Anspruchsgruppen zu gelangen. Der Greenpeace-Campaigner Peter Metzinger bemerkt:

„Kampagne ist die Kunst, ohne formelle Machtausübung durch geschickte Kommunikationsstrategie und durch den koordinierten und gezielten Einsatz der Kampagnenmittel in Auseinandersetzung mit den spezifischen Interessen (im besonderen Widerstand) Anderer in einem mitunter sehr dynamischen Umfeld Veränderungen zu bewirken und ein gewünschtes Ziel zu erreichen." (Zitiert nach Buchner et al. 2005, S. 41)

Zielerreichung bedeutet in diesem Sinne stets Bewusstseinswandel und Aktion – ökonomisch, sozial oder politisch ist dabei lediglich ein formaler, kein grundlegender Unterschied. Immer geht es im Kern darum, aus indifferenten Marktteilnehmern Akteure und Sympathisanten zu machen. Im Moment der Kaufhandlung wird selbst der unpolitischste Konsument zu einem Aktivisten, der eine präzise Wahl trifft. Die positive Entscheidung zugunsten eines Produktes, einer Partei oder einer Organisation impliziert stets ein negatives Urteil als Ausschlusskriterium. Man kann nicht katholisch und zugleich protestantisch sein. *Kommunikationskampagnen sind also stets dezisionsgetrieben.* Am Ende steht eine Präferenz. Dies gilt für lokale und regionale Themen genauso wie für nationale oder globale Trends. Nur so, als Hinführung zu einer verbindlichen Entscheidung, erfüllt professionelle Kommunikation ihren Zweck.

Kampagnenführung macht, dank der möglichen digitalen Trägerschaft, auch vor Ländergrenzen nicht halt. Sie ist notwendigerweise transnational. Der „strukturelle Zusammenhang wirtschaftlicher Wertschöpfung und politischer Verantwortung" liegt „jenseits nationaler Grenzen" (Niesyto 2010, S. 318). Dies ist eine weitere unmittelbare Folge der fortschreitenden Digitalisierung.

Das Ziel dieses Buches ist es, das Thema Kampagnenführung aus internationaler, zumindest europäischer Perspektive zu betrachten. Dabei sollen insbesondere jene Menschen als Experten zu Wort kommen, die in ihrem beruflichen Alltag Kampagnen entwickeln, initiieren und verantworten. Auf diese Weise entsteht, so ist zu hoffen, eine Momentaufnahme der professionellen Kommunikation, die theoretische Überlegungen, strukturelle Analysen und praktische Anwendungsfelder miteinander verbindet.

Synopsis Kap. 1

Ziel des Buches ist es, mit dem nötigen theoretischen und medialen Grundverständnis einen praktischen Einblick in Kampagnenentwicklung und -umsetzung zu geben. Dabei sind weniger historische Exkurse gefragt als vielmehr aktuelle Beispiele, Methoden und Herangehensweisen. Eine gelungene Kampagne bündelt prismatisch die Interessen der Organisation mit den Bedürfnissen der Zielgruppe. Campaigning besitzt ein vermittelndes Momentum zwischen Markt und Abnehmer. Dennoch haben Kampagnen stets einen harten Kern. Sie folgen einem aggressiv-expansiven Kalkül. Kampagnen sind Ausdruck von Wettbewerb. Daher ist es besonders spannend, diejenigen zu Wort kommen zu lassen, die sich von Berufs wegen diesem Konkurrenzdruck stellen. Es werden namhafte Exponenten der Kommunikationsbranche interviewt: PR-Professionals, Marketeers, Kreativdirektoren, Konzeptioner, Designer und Gestalter. Kampagnenführung erweist sich einmal mehr als ganzheitliche Aufgabe, die vielfältige Talente vereinigt.

Literatur

Beuchler, T. (4. September 2014). Digital ist wie ein großes Meer. Interview in: *Horizont, 36,* 12 ff.

Bitkom. (Hrsg.). (2014). Jung und vernetzt. Kinder und Jugendliche in der digitalen Gesellschaft. http://www.bitkom.org/files/documents/BITKOM_Studie_Jung_und_vernetzt_2014.pdf. Zugegriffen: 15. Jan. 2015.

Buchner, M., Friedrich, F., & Kunkel, D. (2005). *Zielkampagnen für NGO. Strategische Kommunikation und Kampagnenmanagement im Dritten Sektor*. Münster: LIT.

Niesyto, J. (2010). Integrieren/Vernetzen. Kampagnen im Zeichen des Netzwerk-Paradigmas – Ein Paradoxon. In S. Baringhorst, V. Kneip, A. März, & J. Niesyto (Hrsg.), *Unternehmenskritische Kampagnen. Politischer Protest im Zeichen digitaler Kommunikation* (S. 264–313). Wiesbaden: Springer VS.

Konzept und Leitidee

2

Strategische und kreative Aspekte gelingender Konzeption, die Bedeutung der Leitidee und ihre Umsetzung

Je unübersichtlicher die Gegenwart, desto größer das Bedürfnis nach Klarheit. Dies gilt selbstverständlich auch für die professionelle Kommunikation. Zur Erlangung dieser (vermeintlichen oder tatsächlichen) Klarheit ist *konzeptionelles Denken und Arbeiten* unerlässlich. Im Prozess der nüchternen Situationsanalyse und Faktenabwägung, durch die Festlegung einer logisch abgeleiteten Strategie, das Zulassen freier Assoziationen und unkonventioneller Ideen sowie durch ein diszipliniertes und kontrolliertes Umsetzungsszenario lässt sich diese Klarheit erringen; sogar dann, wenn das mediale Umfeld sich durch Multioptionalität, Dynamik und enorm verkürzte Kommunikationszyklen auszeichnet. Gerade der hohe Innovationsdruck verpflichtet zu einer kühlen und distanzierten Betrachtungs- und Arbeitsweise.

Dabei stellt sich zwangsläufig die Frage, wie groß und umfassend der Veränderungswille ist, auf dem das Konzept aufbaut. In der beruflichen Praxis haben sich zwei alternative Wege und Herangehensweisen als gangbar und zielführend erwiesen. Der erste Ansatz ist der *evolutionäre*, der zweite lässt sich mit dem Begriff *Make it New!* (Ezra Pound) als *revolutionär* umschreiben.[1] Ein Konzept, welches den evolutionären Ansatz verfolgt, wird immer stark auf bisherige Kommunikationsmuster und Verfahrensweisen abzielen, die bestenfalls adaptiert und an neue Umfelder angepasst werden. Der evolutionäre Konzeptionsansatz lässt sich

[1] Immer wieder erweist es sich in der konzeptionellen Arbeit als nützlich, mit den schillernden Versatzstücken der Kultur- und Geistesgeschichte zu operieren, die zu neuen Gedanken und Kombinationsmöglichkeiten führen. Ein gutes Konzept zeichnet sich nicht zuletzt durch seine mannigfaltigen Adaptions- und Verknüpfungsmöglichkeiten aus. Es ist mit anderen Worten ein *sinnhaftes Patchwork*. Besonders anregend sind stets die künstlerischen und geistigen Spannungsfelder zwischen Traditionalismus und Modernismus, Bewahrung und Erneuerung. Diese gegenläufigen Haltungen finden sich bis heute in Politik, Wirtschaft und Gesellschaft in den unterschiedlichsten Ausprägungen – ein durchgängig prägender Dualismus.

D. Pietzcker, *Kampagnen führen*, DOI 10.1007/978-3-658-07194-3_2

in einem Wort als konservativ charakterisieren. Die Anknüpfungsmöglichkeiten an traditionelle Begriffe und Erlebniswelten sind hier wichtiger als die ausgreifende Geste oder gar der Schritt in unbekannte Marktsegmente und zu völlig neuen Zielgruppen. Evolutionäre Konzepte sind niemals disruptiv. Sie sind selten brillant (da sie das Risiko meiden), aber gerade in dieser konservativen Qualität liegt ihre größte Stärke. Der Innovationsdruck ist immer nur so hoch wie die Anfälligkeit des Marktes für Veränderungen. Wo diese nicht übermäßig ausgeprägt ist – zum Beispiel im Bereich Tourismus oder bei Ernährungsprodukten – sind evolutionäre Konzeptionen zumeist erfolgversprechender als der Versuch, durch extreme Veränderungsbereitschaft einen konservativen Markt künstlich zu bewegen.

Revolutionäre Konzeptionen (dem Schlachtruf folgend: „Make it new!") hingegen zeichnen sich durch einen starken Veränderungswillen, eine große Distanz zwischen dem Status quo und dem wünschenswerten Soll-Zustand sowie durch die Bereitschaft aus, Maßnahmen zu wagen, für die es keine Vergleichsmöglichkeiten und Szenarien aus der Vergangenheit gibt. Das Risiko, diesen Weg zu beschreiten, ist ein ungleich höheres als bei der Verfolgung eines evolutionären Kommunikationsansatzes. Die Durchsetzung einer revolutionären Konzeptidee setzt allerdings einen spürbaren Veränderungsdruck – etwa aus wirtschaftlichen, ideologischen, technischen oder taktischen Gründen – voraus, zumindest jedoch die Bereitschaft, auf einem definierten Feld radikal Neues zu wagen. Sind diese Voraussetzungen nicht gegeben, wird der revolutionäre Ansatz notwendigerweise scheitern.

Die Unterscheidung zwischen einem evolutionären und einem revolutionären Konzeptionsansatz scheint insofern wesentlich, als sie unmittelbaren Einfluss auf alle Maßnahmen und Umsetzungsideen nimmt, die im *kreativ-operationalen* Teil des Konzepts dargelegt werden. Die Frage, welcher Konzeptansatz konsequent verfolgt werden soll, beantwortet sich nicht zuletzt durch das Anforderungsprofil auf Seiten der Auftraggeber. Dieses sicher und strategisch zutreffend einzuschätzen, ist eine der wesentlichen Voraussetzungen eines gelungenen Konzeptes.

Oftmals werden Konzepte von Gremien beauftragt und entschieden. Ein Konzept hat also präzise die Aufgabe, eine eng definierte Gruppe entscheidungsbefugter Individuen zu überzeugen. Gremien sind selten homogen; Veränderungsbereitschaft und Verharrungskräfte halten sich innerhalb des Kreises der Entscheider oftmals die Waage. In diesen Situationen kann ein überzeugendes und inhaltlich stimmiges Konzept tatsächlich den Ausschlag für eine mögliche Richtung geben. Wie immer kommt es dabei auch auf das richtige Maß an. Rationale Einsicht, Fingerspitzengefühl und diplomatische Formulierungsfähigkeit sind in jedem Falle hilfreich. Wer zu konservativ argumentiert, verliert den Anschluss an innovationsbereite Kräfte (vgl. Abb. 2.1). Und umgekehrt, wer zu forsch argumentiert und die überwindbare Distanz zwischen dem Ist-Zustand und dem konzeptionell skiz-

Abb. 2.1 Beispiel eines konservativen Konzept- und Kampagnenansatzes. Die konventionelle Bildsprache erklärt sich aus der Erwartungshaltung der Rezipienten: In den Ferien geht man ungern Erlebnisrisiken ein. (Quelle: Go Turkey, Pitchpräsentation, 2009)

zierten Soll-Zustand falsch einschätzt, droht sehr schnell in genau diese Lücke zu fallen.

Der Hysterie aufgeheizter Märkte, Meinungen und Medien setzt ein souveränes Konzept ein starkes geistiges Gewicht entgegen. Nur durch überlegte Konsequenz führt ein Weg vom Denken zum Handeln. Als wirklichkeitsorientierte Handlungsempfehlung muss ein Kommunikationskonzept gewisse innere Qualitäten aufweisen, um ernsthaft diskutierbar zu sein. Diese inhaltlichen Qualitäten lassen sich drei unterschiedlichen Feldern zuordnen:

1. empirisch-analytisch,
2. strategisch-visionär sowie
3. kreativ-operational.

Empirisch-analytisch bedeutet die nüchterne Betrachtung der Ausgangssituation sowie die stichprobenartige Erhebung und Auswertung von bestehenden Marktinformationen.[2] Nur durch die unvoreingenommene Betrachtung, Bewertung und Zuordnung von Fakten ergibt sich das klare Bild über eine vorgefundene Situation. Der empirisch-analytische Teil einer Konzeption gibt demnach Auskunft über die aktuelle Position und ihre Hintergründe. Damit wird überhaupt die Grundlage für mögliche Handlungsentscheidungen geschaffen, die ja stets auf Einschätzung von – realen oder vermeintlichen – Spielräumen und Lücken beruht und damit prognostische Aspekte mit einschließt. Von besonderer Relevanz für die Situationsanalyse ist die Identifizierung und Benennung möglicher Veränderungspotenziale. Die hierfür notwendigen empirischen Befunde können entweder selbst erhoben oder zumindest selbst recherchiert sein. In jedem Fall müssen sie einen *relevanten Bezug* zu Markt, Anspruchsgruppe und Kommunikationsvorhaben besitzen.

Empirische Erhebungen können statistisch auswertbare Befunde (z. B. demografische Faktoren, Marktentwicklungen, Infrastrukturanalysen, monetäre Größen wie Kaufkraft, Konsum- und Mediennutzungsverhalten) benennen, doch ebenso subjektive Faktoren schlaglichtartig aufzeigen. Zu Letzteren gehören vor allem qualitative Erhebungen wie etwa Tiefeninterviews und persönliche Befragungen. Qualitative Befragungen liefern einen aufschlussreichen Einblick in Motivation, Mentalität, Erlebnisweise und die Konsumaffinität, was im Zweifelsfall sogar von größerer Aussagekraft ist als quantitative Auswertungen. Der große Vorteil von solchen qualitativen Erhebungen ist ihre Unmittelbarkeit und Plakativität, der Nachteil liegt in ihrer reinen Aspekthaftigkeit.[3] Um empirische Erkenntnisse konzeptionell (also: nicht primär wissenschaftlich) nutzen zu können, kommt noch ein weiteres Element hinzu: die eigene Perspektive. Erst im Licht des eigenen Standpunktes, verdichtet zu klaren Aussagen und einleuchtenden Schlussfolgerungen, erhält das Konzept rhetorische Stringenz und innere Überzeugungskraft. Im Kern geht es schließlich darum, durch thesenhafte Zuspitzung den eigenen Standpunkt zu unterstreichen und ihn für ein imaginiertes Gegenüber fassbar zu machen.

Jedes Konzept bezieht sich auf einen momentanen Zustand, aber seine eigentliche Bezugsgröße ist ein noch zu erstrebender *zukünftiger* Zustand. Auf diese Weise bezieht sich das Konzept stets auf eine imaginäre Horizontlinie, deren Erreichbarkeit es propagiert. Der Veranschaulichung, Begründung und Absicherung dieses Zukunftsszenarios dient der *strategisch-visionäre* Teil des Konzeptes. Hier sind die Darstellung und Begründung ambitionierter Kommunikationsziele gefragt, die sich

[2] Zum Begriff der Stichprobe als repräsentatives Methodeninstrument vgl. Diekmann (2013), S. 325 ff.

[3] Zu den bekanntesten qualitativen Befragungen der empirischen Sozialforschung dürften die breit angelegten *Studien zum autoritären Charakter* von Th. W. Adorno (1950) sowie vor allem der Interview-Band *Das Elend der Welt* (Bourdieu et al. 2005) gehören. Die große Stärke von Interviews liegt in ihrer individuellen und idiomatischen Spontaneität, die oftmals zu außerordentlich plakativen Aussagen führt.

zum Teil aus den empirischen Ergebnissen ableiten lassen, sofern diese deduktiv nutzbar sind. Diese Kommunikationsziele können zum Beispiel die Herausstellung eines einzigartigen Markenversprechens, eine verheißungsvolle Positionierung im Markt oder das Ausbrechen aus den bisherigen stereotypen Kommunikations- und Verfahrensweisen sein.

Der *kreativ-operationale* Teil des Konzeptes schließlich bündelt alle kreativen Ideen: exemplarische textliche und grafische Darstellungen, prototypische Designvorschläge, Einzelmaßnahmen und technische Operationalität (insbesondere bei digitalen Anwendungen). Wenn es bei dem Konzept um die Begründung und Darstellung einer Kommunikationskampagne geht, werden im dritten, kreativ-operationalen Teil ausgearbeitete Layouts, Key Visuals, mögliche sprachliche Lösungen und ihre Tonalität konkret und verbindlich dargestellt. In diesem Konzeptteil manifestiert sich also in *kreativer Konsequenz* all das, was im empirischen und strategischen Teil als denkbare Option vorbereit wurde. Dieser Teil des Konzepts ist sicherlich der anschaulichste – und zugleich der verbindlichste. Um ihn entzünden sich im Vorfeld und im Nachgang einer Präsentation oftmals die leidenschaftlichsten Debatten. Die Inhalte polarisieren, sie können auch gar nicht anders, denn die Kreation ist in ihrer Ausgestaltung konkret und verlangt, eine eigene Haltung und Auffassung zu ihr zu entwickeln. Diese ist affirmativ oder kritisch – und im schlimmsten Fall indifferent. Die zeitliche und budgetäre Einordnung der vorgeschlagenen Maßnahmen rundet das Konzept im Regelfall ab. Gerade die Möglichkeit, das zunächst nur ideell Ausgedachte auch zu quantifizieren, sei es als Budgetvorschlag, sei es auf einer Zeitachse, gibt dem Konzept bereits den Anschein von Wirklichkeit.

Brennpunkt des Konzeptes ist die *Leitidee* – der zwingende Gedanke, die treffende Aussage, der innere Orientierungspunkt, dem das gesamte Konzept folgt. Erst diese formulierungsfähige Aussage gibt dem Konzept die Kraft der Konkretion. Klarheit und Unmissverständlichkeit sind hier die einzig gültige Währung. Gerade bei der Benennung dessen, was erreicht, welche Mittel gewählt und welche Anspruchsgruppen oder Märkte mit welchem Ziel angesprochen werden sollen, sind schwammige Formulierungen unverzeihlich. Prägnanz in der Formulierung erhöht Aufmerksamkeit und erleichtert die Merkfähigkeit. Die *Leitidee* ist dabei der Grundgedanke, dem das Konzept folgt, sie ist die Klammer, die das Ganze erst sinnvoll erscheinen lässt, weil sie der unmittelbaren Folge der Gedanken und Aussagen überhaupt erst Logik, Reflexion, Argumentationskraft und Stringenz verleiht. Die Leitidee, das hat sie mit dem musikalischen Leitmotiv gemein, ist jederzeit wiedererkennbar, einzigartig und stets präzise zuzuordnen. Sie verweist auf ein konkretes Thema, welches im Laufe des Konzeptes aufgegriffen, variiert und zu seinem logischen Schluss geführt wird. Sie ist mithin das zentrale Element des Konzeptes, dessen Fehlen sich umgehend rächt. Ein Konzept ohne tragenden Gedanken bleibt beliebig, schwammig und verliert sich in Einzelmaßnahmen ohne inneren Bezug. Überzeugungskraft hingegen erwächst aus einleuchtenden Ideen. Anders gesagt: *Ohne Leitidee kein geistiges Momentum.*

Das Konzept ist ein komplexes Überzeugungsinstrument zur Befriedigung von akquisitorischen, marketingrelevanten, kommunikationspolitischen und intellektuellen Ambitionen. Das Verfassen einer Konzeption ist eine geistige Methode der Vergegenwärtigung eines ansonsten unübersehbaren Themen- und Handlungsbereichs. Als Instrument der Überzeugung dient die Visualisierung der Maßnahmen als konzeptionelle Wirklichkeitssimulation.[4] Das Konzept hat im strengen Sinne die Funktion der „Reduktion von Komplexität" (Luhmann 1996); aus der Unermesslichkeit der Möglichkeiten filtert es einen klar erkenn- und benennbaren Weg heraus. In der simulierten Wirklichkeit des Konzeptes gehen zugleich die unbenannten Potenziale und Alternativen – *was alles hätte möglich sein können* – zugrunde. Genau diese Einseitigkeit ist jedoch notwendig, um Überzeugungskraft und Umsetzbarkeit des Konzeptes zu bewahren.[5]

Stringenz und Anschaulichkeit von Präsentationskonzepten sind ohnehin dringend geboten; dies umso mehr, als Kommunikationsmanager und Budgetverantwortliche durch ihre Funktion eine schier endlose Zahl an mehr oder weniger gehaltvollen und überzeugenden Präsentationen über sich ergehen lassen müssen. Eine bestechende Logik wirkt hier geradezu wohltuend. Das Konzept kann dabei eine oder mehrere Funktionen zugleich erfüllen. Planung, Veranschaulichung, Dialog und Einbindung können ebenso konzeptionelle Motivationen sein wie Gewinnung von Unterstützern, Absicherung der eigenen Position oder das Erreichen einer neuen Perspektive. Es dient somit unternehmerischen, politischen oder intellektuellen Zwecken. Ein Konzept ist prinzipiell multifunktional und lässt sich variabel einsetzen:

[4] Interessant ist in diesem Zusammenhang auch das semantische Feld des lateinischen Verbs „concipere", welches sowohl eine rationale als auch eine emotionale Bedeutungsebene besitzt. Rational als „zusammenfassen, begreifen, formulieren und abfassen", emotional als sich einbilden und empfinden. In seiner aktiven Bedeutung bedeutet concipere „streben", passivisch kann auch „aufnehmen, empfangen, schwanger werden" gemeint sein. Genau diesen enormen Bedeutungsspielraum füllt ein gutes Konzept aus, das schließt ausdrücklich den Perspektivenwechsel zwischen Autor und Rezipient eines Konzeptes ein.

[5] An dieser Stelle ist auch zu vermerken, dass selbstverständlich die nicht thematisierten Aspekte und *nicht* vorgeschlagenen Maßnahmen das Konzept im Negativen ebenso prägen wie positiv ausgedrückt die ausgearbeiteten Szenarien.

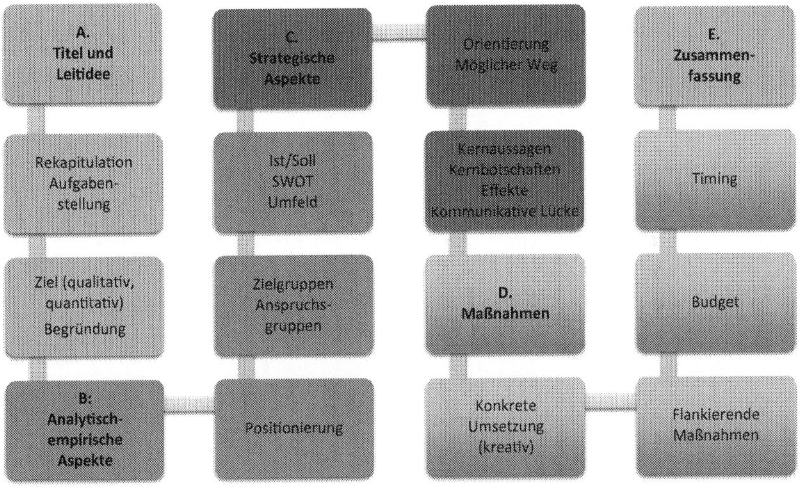

Abb. 2.2 Wesentliche Bestandteile des Konzeptes (modular und formal)

- als **Instrument der Planung**, insbesondere von Kommunikationskampagnen.
- als **Mittel der Veranschaulichung** und Verdeutlichung, insbesondere bei der internen Kommunikation
- als **dialogische Plattform**, zur Gewinnung von Unterstützern, z. B. Investoren oder Stakeholdern
- als **Instrument der Überzeugung**, etwa zur aktiven Einbindung von Mitarbeitern, der Öffentlichkeit oder ihrer Teile
- als **Kommunikationsinstrument des Machterhalts,** um die eigene Sichtweise durchzusetzen oder intern zu stärken

Jedes einzelne dieser Ziele kann legitim oder zumindest opportun sein. Aber um es zu erreichen oder sich ihm auch nur anzunähern, müssen Zweck, Kontext und Funktion des Konzeptes geklärt sein. Klärung heißt hier insbesondere die unmissverständliche und harte Bewusstwerdung von Ziel, Weg und Zweck durch denjenigen, der das Konzept verfasst. Und das liegt voll und ganz in den Händen der Autorin oder des Autors.

Ein Konzept ist niemals starr, festgefügt oder unumstößlich; es ist klar in der Aussage, aber beweglich in den Mitteln. Wichtig ist es, während des Entstehungsprozesses eine formale Offenheit zuzulassen, die es ermöglicht, die Reihenfolge zu ändern oder bestimmte Aspekte unterschiedlich zu priorisieren. Dies gelingt am besten, wenn das Konzept modular aufgebaut ist. Die Gedanken folgen einer erkennbaren Leitlinie, die Schrittfolge jedoch ist variabel (vgl. Abb. 2.2). Das betrifft sowohl den Umfang als auch die Reihenfolge der Argumente. Der Kreis der Adressaten ist dabei stets mit bedacht. Sie sind es schließlich, für die das Konzept bestimmt ist.

Trotz aller berechtigten taktischen Erwägungen bei der Konzepterstellung kommt man letztlich nicht umhin, kommunikative Risiken einzugehen. Wer ein Konzept zu Papier bringt, *muss* seine Ideen, Vorstellungen und Kompetenzen sich selbst und anderen gegenüber preisgeben. Doch genau in dieser *unvermeidbaren Selbstpreisgabe* liegt die größte Überzeugungskraft.

Nicht zu unterschätzen sind auch die formalen Aspekte, insbesondere die Frage, welche kommunikative Rolle *Bilder* (Illustrationen, Fotografien, ästhetisch-emotionale Ausdrucksformen) für das Konzept übernehmen sollen. Schließlich lassen sich Botschaften und Kernaussagen auch hervorragend bildhaft ausdrücken. Seit den 1980er Jahren kursiert der kulturwissenschaftliche Begriff des *pictorial turn* des einflussreichen Chicagoer Kunsthistorikers W.J.T. Mitchell. Seine Kernthese – lange vor den Segnungen der digitalen Informationssequenzen aufgestellt – lautet, dass die Vermittlung über wortbasierte Informationen einer zunehmenden Dominanz der Bilder (Kino, Fernsehen, Fotografie etc.) gewichen sei. Die Rezipienten hätten längst gelernt, Bilder genauso schnell zu decodieren wie Wörter (vgl. Mitchell 2008).[6] Auch dieser Sachverhalt lässt sich für das Konzept nutzen. Mit Bildern lässt sich genauso kommunizieren wie mit Wörtern. Es müssen allerdings Bilder sein, die Botschaften bergen und Analogieschlüsse für die Wirklichkeit zulassen. Diese kraftvollen Schlüsselbilder *(key visuals)* haben gegenüber dem bloßen Wort einen entscheidenden Vorteil: Sie bergen eine höhere sinnliche Potenz. Bilder sind wesentlich emotionaler und verfügen über einen direkten kommunikativen Impact, an den nur äußerst prägnante und zugkräftige Formulierungen heranreichen.[7]

Trotz *pictorial turn*: Sprache und Ausdrucksmächtigkeit des Konzeptes sind von entscheidender Bedeutung. Auch hier steht ein breites stilistisches Repertoire zur

[6] Synonym wird auch häufig der Begriff des „iconic turn" verwendet. Der eigentliche Gewährsmann für diese Gedanken und Metaphern, die den enorm temporeichen medialen Wandel seit den 1940er Jahren kommentieren und versuchen, ihn in adäquate Worte zu fassen, ist der kanadische Literatur-, Medien- und Kulturwissenschaftler Marshall McLuhan. Zur Rolle der Visualisierung in der Kommunikation vgl. auch den einflussreichen Band *Ways of Seeing* von John Berger (1972).

[7] Gelegentlich ist es sogar möglich, ein gesamtes Konzept rein visuell aufzubauen, was den Vorteil enormer Anschaulichkeit besitzt. Dies setzt allerdings voraus, dass der Inhalt des Konzeptes sich auch bildhaft darstellen lässt – die Bildanalogien müssen stimmen und dem Betrachter einleuchten.

Verfügung. Plakativ oder stichwortartig, aphoristisch zugespitzt oder akademisch, differenziert oder gewollt vereinfachend. Für einen spezifischen Stil, eine unverwechselbare Ausdrucksweise muss sich die Autorin oder der Autor eines Konzepts jedoch entscheiden. Marketing-Fachausdrücke, Redundanzen, oberflächliche Reflexionen und Allgemeinplätze ergeben, in welcher Kombination auch immer, kein überzeugendes Ganzes.

Die stilistisch-inhaltliche Festlegung des Konzepts betrifft Sprachniveau, Soziolekte (Fachsprache), den Grad der Ausführlichkeit und das Maß der Simplifizierung, welches es nicht zu unterschreiten gilt. Der Autor bzw. die Autorin entscheidet dabei selbst über sprachlichen Stil, Niveau, Komplexitätsgrad und Ästhetik des Konzeptes – differenziert unter Berücksichtigung von Anlass und Zielgruppe. Es ist in jedem Fall davon auszugehen, dass der Adressatenkreis nicht zum ersten Mal mit konzeptbasierten Präsentationen konfrontiert wird und die Erwartungshaltung eine entsprechend niedrige sein dürfte.[8] Umso wichtiger ist es daher, eine inhaltlich und formal brillante Arbeit abzuliefern.

Synopsis Kap. 2

Das Konzept verfolgt das Ziel, komplexe Zusammenhänge darstellbar zu machen. Dafür bedarf es der intellektuellen Qualität der Klarheit. Strategische und operative Aspekte sind wesentlicher inhaltlicher Bestandteil eines Konzeptes. Auch wenn ästhetisch-künstlerische Aspekte mit einfließen (Originalität und Ideenreichtum), verfolgt das Konzept einen radikal-pragmatischen Zweck: Es möchte einen definierten Adressatenkreis überzeugen. Damit dies gelingt, beinhaltet das Konzept eine Vielzahl an logischen oder analogischen Schlüssen, denen der Adressat ohne größere Anstrengung folgen kann. Bildhaftigkeit, Anschaulichkeit und Unterhaltungswert sind dabei niemals zu unterschätzen. Wer ein Konzept verfasst, muss sich exponieren. Dies impliziert stets das Risiko zu scheitern. Wenn dieses Risiko schon unvermeidbar ist, hindert nichts den Verfasser oder die Verfasserin daran, das maximale kommunikative, strategische und unternehmerische Potenzial, das in einem Konzept liegt, herauszuarbeiten. Dies ist eine primär geistige Tätigkeit und Herausforderung.

[8] Bezeichnenderweise hat der Vorstand des VW-Konzerns 2015 verfügt, keine PowerPoint-Präsentationen in den Sitzungen zuzulassen. Anders gesagt: Wer heute noch mit einem Konzept überraschen und begeistern möchte, muss sich etwas ganz Besonderes einfallen lassen.

Literatur

Adorno, T. W. (1995 [1950]). *Studien zum autoritären Charakter*. Frankfurt a. M.: Suhrkamp.

Berger, J. (1972). *Ways of seeing*. London: Penguin Books.

Diekmann, A. (2013). *Empirische Sozialforschung. Grundlagen, Methoden, Anwendungen*. Reinbek: Rowohlt.

Luhmann, N. (1996). *Die Realität der Massenmedien*. Wiesbaden: VS Verlag für Sozialwissenschaften.

Mitchell, W. J. T. (2008). *Das Leben der Bilder. Eine Theorie des Visuellen*. München: C. H. Beck.

3 Kampagnenführung als Kommunikationsmanagement

Medienübergreifende Gewährleistung von kommunikativem Impact und erkennbarer Botschaft

Ohne Leitidee kein Konzept; ohne Konzept keine Kampagne; und keine Kampagne ohne präzise Vorstellung der Zielgruppe in ihrem jeweiligen Medienverhalten. Wenn man Kommunikation aus der Sicht der Zielgruppe betrachtet, kommt man sowieso nicht umhin, eine dramatische Veränderung des Medienverhaltens zu konstatieren.[1] Insofern muss sich auch die Kampagnenkommunikation bis zu einem gewissen Grad opportunistisch verhalten – dem Wandel Rechnung tragen – und ihre Inhalte in denjenigen Medien platzieren, die von den unterschiedlichen Anspruchsgruppen auch real genutzt werden. Die Kommunikation findet eine spezifische Marktsituation an Präferenzen, Medien sowie Werten vor und richtet sich nach diesen aus. Dies gilt umgekehrt nicht. Individualpsychologische und soziologische Prämissen sind daher bei der Kampagnenplanung ebenso zu beachten wie technologische Entwicklungen. Das gilt für kommerziell motivierte Kampagnen genauso wie für NGO-Kommunikation:

> Stakeholder-Dialoge, speziell der Dialog mit Politik und Nichtregierungsorganisationen sind eine wichtige Kommunikationsform, um die gesellschaftliche Unternehmensverantwortung einerseits zu organisieren, andererseits auch öffentlich darzustellen. Dieser Prozess erfordert besonderes Fingerspitzengefühl und eine sensible Balance zwischen Vertraulichkeit und Transparenz. (Steinert 2007, S. 48)

Als von besonderer Wichtigkeit erweist es sich dabei, medienübergreifend identische, zumindest selbstähnliche Aussagen und visuelle Schlüsselreize zu entwickeln, die ein hohes Maß an Wiedererkennbarkeit besitzen. Gerade in atomisierten Märkten, die nur noch aus Individuen und nicht mehr aus Clustern bestehen, ist

[1] Kommunikationspsychologisch ist es ein alter Hut, dass Missverständnisse weitaus häufiger und bestimmender sind als etwa ein intuitives und empathisches Einfühlen (vgl. Watzlawick et al. 2000 [1969], S. 72 ff.).

D. Pietzcker, *Kampagnen führen*, DOI 10.1007/978-3-658-07194-3_3

Wiedererkennbarkeit eine zentrale Orientierungsfunktion und kann die Aufgabe erfüllen, verlorenes Zusammengehörigkeitsgefühl sozial zu simulieren. Dies gelingt zum Beispiel über ein gleichartiges Medienverhalten, Dresscodes und idiosynkratische Vorlieben wie z. B. Ernährungsgewohnheiten und Musikgeschmack. Insbesondere die sozialen Medien sind durch ihre Dialogfunktion bestens dafür geeignet, das Gefühl der Gleichgesinntheit, das sich auch in typischen Konsummustern niederschlägt, zu kanalisieren. Spezifische Kommunikationsinhalte werden zum Erkennungsmerkmal der sich formierenden Gruppen. Die Oberfläche oszilliert.

Gerade in einem vermeintlich individualistisch geprägten Zeitalter überrascht jedoch immer wieder sein konformistischer Grundzug. Junge Erwachsene, schreibt die Soziologin Cornelia Koppetsch, bewegen sich in einer paradoxen Polarität zwischen autonomer Selbstbezüglichkeit und kollektivem Sicherheitsbedürfnis:

> Individualisierung bedeutete jedoch nicht, dass sie sich grundsätzlich von Kollektivbindungen oder sozialen Zwängen überhaupt befreiten. (…) Das Modell der autonomen Lebensführung konnte sich deshalb so verbreiten, weil an die Stelle regionaler, ständischer und herkunftsbedingter Gemeinschaften die Bindung an den Wohlfahrtsstaat trat. (Koppetsch 2013, S. 100)

Autonomiestreben und Absicherungsstrategien beherrschen gleichermaßen das Konsum- und Kommunikationsverhalten. Beide Aspekte muss erfolgreiches Kampagnenmanagement berücksichtigen, um inhaltlich durchzudringen. Doch wie kann von Seiten einer Organisation gewährleistet werden, dass in einem stark ausdifferenzierten Markt konsistente Botschaften nach wie vor aufgenommen, verstanden und internalisiert werden? Das Dilemma besteht ja unter anderem darin, dass Kontur, Trennschärfe und Nachvollziehung des individuellen Medienverhaltens zunehmend schwieriger werden. Je mehr Kommunikationskanäle der Zielgruppe zur Verfügung stehen, desto unwahrscheinlicher wird es, sie in der notwendigen Intensität auf einem dieser Kanäle zu erreichen.

Ein möglicher Schlüssel zu diesem Problem der zunehmenden Indifferenz, das nicht nur aus dem hybriden Medienverhalten resultiert, liegt in der *individuellen Präferenz* der Zielgruppen selbst. Erfolgreiches Kampagnenmanagement, auch wenn es primär die Interessen der Organisation vertritt, muss die Mentalität der Zielgruppen widerspiegeln und zu einem visuellen und inhaltlichen Resonanzkörper ihrer Bedürfnisse werden. Dazu gehört auch eine glaubwürdige Darstellung gesellschaftlicher, mithin nichtökonomischer Ziele und Beiträge. Oder anders gesagt, eine Kampagne ist genau dann für eine Organisation erfolgreich, wenn sie die Bedürfnis- und Bewusstseinslagen ihrer externen Zielgruppen trifft, die keineswegs primär mit dem Organisationsinteresse übereinstimmen:

> Die Aufgabe der Kommunikation besteht eher darin, die Wirtschaft resonanzfähig zu machen für nicht-monetäre Ziele. Hierin bemisst sich auch die gesellschaftliche Legitimation. Unternehmen müssen also nichts zum Gemeinwohl beitragen, sondern sie werden dies eher tun, weil sie sonst ihre klassischen Ziele gefährdet sehen oder davon einen Beitrag für diese Ziele erwarten. (Schulz 2002, S. 147)

Es geht also um Internalisierung externer Auffassungen, um sie im Interesse der Organisation umzudeuten. Dieser permanente Prozess der Umdeutung lässt sich auch als Transmission, besser als Übersetzungstätigkeit, begreifen. Die Sprache der Zielgruppen und die Sprache der Organisation werden ständig aufeinander abgestimmt. Die Organisation passt sich dabei, ob gewollt oder nicht, an die Zielgruppen an, nicht umgekehrt.

Wer Kampagnen kreiert oder managt, kommt also nicht umhin, den Kommunikationsprozess radikal umzudeuten und die Interessen seiner Zielgruppen in den Mittelpunkt der Kommunikation zu stellen. Nur die Selbstähnlichkeit zwischen Kommunikationsakt, Inhalt und dessen Rezipienten gewährleistet eine mögliche Basis. Im Überangebot der Kommunikations- und Konsumreize werden nur solche wahr- und angenommen, in denen sich der Einzelne in Mentalität, Stil und Interesse wiederfindet. Wo dies nicht der Fall ist, verhallt die Botschaft ungehört oder wird von den Adressaten missverstanden.[2]

Für das Kampagnenmanagement ergibt sich daraus eine paradoxe Grundhaltung. Als Vermittlungs- und Übersetzungsinstanz bewegt sich Kampagnenmanagement zwischen zwei Polen: dem des Marktes als vordergründigem Ziel und dem der Organisation als eigentlichem Zweck. Beide Positionen sind keinesfalls deckungsgleich, sondern werden in einem kontinuierlichen Prozess aneinander angeglichen, ohne jedoch je miteinander zu verschmelzen. Distanz und Differenz bleiben bestehen, dürfen aber nicht zu groß sein. Genau diesen Prozess der Annäherung leistet das Kampagnenmanagement. Um diesen Weg zu gehen, was ja eine gewisse Orientierung schon voraussetzt, sind zwei Aspekte fundamental: eine detaillierte Kenntnis der Zielgruppen, ihrer Beweggründe, Idiosynkrasien, Vorlieben, Ängste etc. auf der einen Seite, auf der anderen Seite Berücksichtigung der Interessen, Abläufe, wirtschaftlichen Möglichkeiten und strategischen Vorgaben des Unternehmens oder der Organisation. Erfolgreiches Kampagnenmanagement wird beide Interessen ausbalancieren und zum Ausdruck bringen. *Der Gegensatz zwischen Organisation und Zielgruppe wird somit kommunikativ, d. h. symbolisch, aufgehoben.*

---

[2] Kommunikationspsychologisch ist es ein alter Hut, dass Missverständnisse weitaus häufiger und bestimmender sind als etwa ein intuitives und empathisches Einfühlen (vgl. Watzlawick et al. 2000 [1969], S. 72 ff.).

Kampagnenmanagement benötigt eine sichere empirische Grundlage, um nicht in Beliebigkeit und Oberflächlichkeit abzurutschen. Die Auseinandersetzung mit den veränderlichen Bedürfnislagen externer Zielgruppen gehört essentiell dazu. Es geht dabei nicht darum, vermeintlich Gleichgesinnte zu identifizieren und Kommunikation als Dopplung der eigenen Überzeugungen, die als kollektiv wünschenswert deklariert werden, durchzusetzen. Dieses Kalkül muss notwendig an der Ausdifferenzierung der Soziallagen scheitern. Kampagnenmanagement anerkennt vielmehr die paradoxe Vielschichtigkeit der Gesellschaft und sucht in ihr die verbindenden Aussagen und Elemente. Nur auf diesen Aussagen, in nachvollziehbare Wort- und Bildbotschaften umgedeutet, kann eine Kampagne zuverlässig aufbauen. Klarheit ist in diesen Belangen die kommunikative Grundtugend.

Die Quellen empirischer Befunde sind mannigfaltig. Sozialstudien, Umfragen, Online-Recherchen und Tiefeninterviews kommen hier ebenso in Betracht wie Auftragsarbeiten der Marktforschungsinstitute. Von unschätzbarem Wert sind aber auch Alltagsbeobachtungen, die jeder Einzelne für sich anstellen kann. Aus all diesen unterschiedlichen Befunden und Beobachtungen ergibt sich zumindest als scharf geschnittene Silhouette eine Vorstellung über Lebenswirklichkeit und Gefühlshaushalt der Zielgruppen. Ohne eine möglichst präzise, empirisch erhärtete Vorstellung der Bezugsgruppen und ihrer jeweiligen soziokulturellen Prägungen greift jede Kommunikationsmaßnahme bloß aufs Geratewohl in den belebten gesellschaftlichen Raum. Die Erfolgswahrscheinlichkeit wird dabei minimiert.

Ebenso wichtig wie der Blick auf gesellschaftliche Zielgruppensegmente ist die Perspektive auf die jeweilige Organisation. Kampagnenmanagement als Mittlerfunktion zwischen Öffentlichkeit und Organisation berücksichtigt beide Seiten und versucht eine maximale Annäherung. Interessen sowie Ziele und Bedürfnisse seitens einer Organisation sind ebenfalls im Einzelfall zu klären. Geht es um Umsatz, Reputation, Reichweite, um ein politisches Signal zur Absicherung der eigenen Position? Wie ausgedehnt ist der Adressatenkreis, wie wichtig ist die unmittelbare gesellschaftliche Verankerung?[3] Wie groß ist der Kampagnenradius: kommunal, regional, national oder multinational? All diese Fragen müssen überzeugend beantwortet werden. Sie sind organisationsseitig die Ankerpunkte der Kampagne. Die Binnenperspektive ist entscheidend. Dazu gehört auch die Abklärung des nüchternen Befundes, welchen Stellenwert die Organisation dem Kommunikationsmanagement überhaupt einräumt und wo dieses hierarchisch verortet ist. Wer hier

[3] Konsumentenmarken, die einen Massenmarkt bedienen, haben aus naheliegenden Gründen ein höheres gesellschaftliches Legitimationsbedürfnis als etwa B2B-Marken, deren Kundenkreis eng eingekreist ist und sich bei Exportprodukten zudem oftmals jenseits der Landesgrenzen befindet.

Fehler macht und aus welchen Gründen auch immer unrealistische Vorstellungen verfolgt, scheitert.

Kampagnenmanagement erfüllt also im Kern eine *Brückenfunktion zwischen Organisation und definierter Öffentlichkeit.* Um diese Funktion erfüllen können, müssen strukturelle und inhaltliche Voraussetzungen geschaffen werden, die wiederum eine kommunikative Aufgabe und Herausforderung eigener Art darstellen. Zu den strukturellen Voraussetzungen gehören hier insbesondere technische, aber auch monetäre Rahmenbedingungen. Die Kommunikationskanäle müssen definiert, die zur Verfügung stehenden finanziellen Mittel und menschlichen Ressourcen geklärt sein. Das sind klassische Managementaufgaben.

Deutlich komplexer ist jedoch die Erarbeitung der inhaltlichen Voraussetzungen für diesen kommunikativen Brückenschlag. Der Dialog mit der Öffentlichkeit kann nur dann erfolgreich geführt werden, wenn diese Öffentlichkeit in ihrer sozialen und individualpsychologischen Verfasstheit verstanden und nachvollzogen worden ist. Das ist vielleicht weniger eine Frage der Empathie als der empirischen Analyse.[4] Das kreative Element besteht ja genau darin, den analytischen Befund auch emotional fassbar zu machen – in der ästhetisch verbindlichen, sprachlich-bildhaften Umsetzung definierter Botschaften als Kampagne. Der Brückenschlag gelingt dann, wenn eine belastbare Verbindung zwischen Organisationsinteresse und Öffentlichkeitserwartung hergestellt wird. Dies ist keineswegs ein linearer, sondern ein zirkulärer Prozess, der allzu oft auch scheitert.

Für die Kommunikationsverantwortlichen bedeutet dies eine Tätigkeit, die ihrem Wesen nach in zwei Richtungen weist. Nach innen, in die Organisation, vermitteln sie Haltungen und Auffassungen, welche durch die Öffentlichkeit repräsentiert werden. Dies kann im Einzelfall auch ein unerfreulicher Befund sein, der aber als sozialpsychologische Tatsache anzuerkennen ist. Nach außen hingegen, also in die Öffentlichkeit, werden die organisationsseitig gewollten Botschaften vermittelt. Dieser Prozess ist offensichtlich nur als wechselseitiger Dialog möglich und überhaupt denkbar. Kommunikationsmanagement akzeptiert von Anfang an abweichende Positionen. Es geht also im Einzelfall nicht darum, konsensual gestimmte Teilöffentlichkeiten zu bestätigen, sondern abweichende Meinungsträger einzubinden (vgl. Abb. 3.1).

Dialogfunktion, Belastbarkeit im Konfliktfall, Berücksichtigung unterschiedlicher Interessenlagen sowie die Fähigkeit, das Verbindende zu betonen, sind Wesensmerkmale erfolgreichen Kampagnenmanagements.

[4] Zum Komplex der Konsumentenpsychologie, der an dieser Stelle nur angedeutet werden kann, vgl. Felser (2014), S. 101 ff.; Six et al. (2007), S. 36 ff.

Abb. 3.1 Kampagnenmanagement verbindet die unterschiedlichsten gesellschaftlichen Akteure und Zielgruppen. Damit eröffnen sich bilaterale und multilaterale Dialogformen

Der Begriff der Öffentlichkeit als möglichem Adressaten ist dabei schillernd. Durch den rapide fortschreitenden medialen Wandel sind die unterschiedlichsten gesellschaftlichen Anspruchsgruppen längst befähigt, Dialoge zu initiieren und selbst mehr oder weniger umfangreiche Kommunikationsmaßnahmen zu ergreifen. Im Zeitalter der medialen Ubiquität vergrößert sich automatisch der Kreis der kommunikativen Akteure. Professionelles Kampagnenmanagement wird damit komplexer. Mehr Interessen müssen berücksichtigt, die eigene Position in die unterschiedlichsten Richtungen abgesichert, mögliche Konfliktpunkte identifiziert werden. Wirtschaft, Politik, Zivilgesellschaft, Wissenschaft und Kultur sind gleichermaßen Adressaten und Akteure, Rezipienten und Initiatoren von Kommunikation. Zudem sind sie über die sozialen Medien unmittelbar befähigt, den einmal begonnenen Dialog medienübergreifend an einem anderen Ort weiterzuführen. In Konsequenz entsteht ein extrem instabiles Umfeld, in dem eine Vielzahl unterschiedlichster Akteure über eigene oder institutionalisierte Kanäle beliebige Inhalte in den Kommunikationskreislauf einspeist. Die systematisierte Kommunikationsfähigkeit als Kampagnenmanagement schafft nur dann ein Gegengewicht, wenn sie Positionen und Inhalte konsequent definiert und im Kern einheitlich gegenüber den unterschiedlichen Anspruchsgruppen auftritt.

Taktisch gesehen ist dabei auch die Fähigkeit zur asymmetrischen Dialogführung stets mitzudenken. *Die Entgegnung auf ein Argument oder einen Angriff muss nicht zwingend in dem Medium erfolgen, in dem das Argument ursprünglich geäußert wurde.* Im Umgang mit sozialen Medien ist dies besonders wichtig. Statt die Energie auf fruchtlose Erwiderungen oder Richtigstellungen zu vergeuden, ist es womöglich ratsamer, einfach das Medium zu wechseln: Auf eine der epidemisch wiederkehrenden Empörungswellen im Netz lässt sich durchaus mit einer taktisch aufgesetzten PR-Kampagne in Leitmedien antworten. Diese Flexibilität sowohl in den Inhalten als auch in den Kommunikationskanälen gehört zu den Wesensmerkmalen der digitalen Zeitenwende.

Der Begriff der Kampagne selbst wird facettenreicher. In der Vielfalt der Kommunikationskanäle gewährleistet einzig die Konsistenz der Botschaft ein Restmaß an Wiedererkennbarkeit. Durch die gewachsenen Kommunikationsmöglichkeiten, online und offline, relativiert sich schnell die Durchschlagskraft einer Kampagne. Es ist daher im Einzelfall ratsam, jede Maßnahme durch Aktionen in anderen Medien zu flankieren: Der Werbespot wird im Kino gezeigt, das Making of jedoch auf YouTube. Die Kombinierungsmöglichkeiten sind schier unendlich. Über das Netz lässt sich der Empfängerkreis enorm ausdehnen und durch virale Wirkungsweisen innerhalb kurzer Zeit vervielfältigen.

Eine Kampagne, definiert als zeitlich begrenzte kommunikative Maßnahme mit explizitem Ziel und konkreter Ausdrucksform, bewahrt nur dann ihren harten Kern an unmissverständlichen Aussagen, wenn diese eben nicht medial beliebig verwässert werden, sondern in jedem Medium identisch bleiben. So verführerisch die Potenziale der gewachsenen Medienvielfalt sind, das Geheimnis konsistenter Kampagnenführung ist die Beschränkung auf zentrale Wertaussagen, nicht deren Ausdehnung. Das erfordert eine neue Form der Disziplin, die aus dem Überfluss, nicht dem Mangel, an Kommunikationsmöglichkeiten resultiert.

Synopsis Kap. 3

Kampagnenführung ist eine Form des Kommunikationsmanagements. Sie erfolgt in zwei Richtungen: in die Öffentlichkeit hinaus und in die Organisation hinein. Die neue Vielfalt der Kanäle verlangt eine hohe Konsistenz und Konsequenz hinsichtlich getroffener Aussagen und formulierter Botschaften. Diese sind stets wiedererkennbar und im Einzelfall sogar identisch. Kampagnenführung bedeutet, die potenziellen Rezipienten zu kennen und ihren Bedürfnissen Rechnung zu tragen. Der Markt und seine Akteure, wie sie vorgefunden werden, bestimmen die Kommunikation. Dies ist als Ausgangssituation zu akzeptieren. Analytische Erkenntnisse aus Sozialstudien und Umfragen sind fundamental – auch der Kommunikationsmanager kann sich sein Publikum nicht aussuchen. Die Bildmetapher für gelingendes Kampagnenmanagement ist der *Brückenschlag zwischen Organisation und Öffentlichkeit.* Das setzt voraus, um im Bild zu bleiben, dass man die Gepflogenheiten auf beiden Ufern kennt. Nur so wird ein glaubwürdiger Dialog möglich.

Literatur

Felser, G. (2014). *Konsumentenpsychologie*. Stuttgart: Kohlhammer.

Koppetsch, C. (2013). *Die Wiederkehr der Konformität. Streifzüge durch die gefährdete Mitte*. Frankfurt a. M.: Campus.

Schulz, J. (2002). Unternehmenskommunikation oder Unternehmen Kommunikation? Die Organisation kommunikativer Kompetenz. In M. Krzeminski (Hrsg.), *Professionalität in der Kommunikation. Medienberufe zwischen Auftrag und Autonomie* (S. 147). Köln: Halem.

Six, U., Gleich, U., & Gimmler, R. (2007). *Kommunikationspsychologie und Medienpsychologie*. Weinheim: Beltz.

Steinert, A. (2007). Reputation durch Corporate Social Responsibility. In J. Rieksmeier (Hrsg.), *Praxisbuch: Politische Interessenvertretung. Instrumente – Kampagnen – Lobbying* (S. 48). Wiesbaden: Springer VS.

Watzlawick, P., Beavin, J. H., & Jackson, D. D. (2000 [1969]). *Menschliche Kommunikation. Formen, Störungen, Paradoxien*. Bern: Huber.

Werner, C. (24. Juli 2014). Wir tasten uns heran. *Horizont, 30,* 30.

Im Gespräch mit Kampagnenmachern (1)

4

Interviews und E-Mail-Befragungen mit Kampagnenexperten aus Agenturen und Unternehmen

Doch was bedeutet nun der schillernde Begriff der Kampagnenführung aus praktischer Sicht? Wie lässt sich eine Kampagne als Managementaufgabe umsetzen? Um dies möglichst aktuell und wirklichkeitsrelevant herauszufinden, wurden im Zeitraum vom Herbst 2014 bis in den Spätsommer 2015 zahlreiche Experteninterviews mit Kommunikationsverantwortlichen (Manager, Kreativdirektoren, Geschäftsführer) geführt. Die Interviews beleuchten den Zusammenhang von analogen und digitalen Medien, erörtern das Problem der medienübergreifenden Konsistenz von Kommunikationsinhalten und beschäftigen sich mit Aspekten der praktischen Umsetzung. Dazu gehört auch die Begriffsklärung integrierter Kommunikation[1] und ihrer Operationalität.

Je nach Tätigkeitsfeld und Berufsfunktion der Interviewten variieren die Fragen. Auf diese Weise entsteht eine punktuelle Sondierung des Begriffes Kampagne, seiner Praktikabilität und Aktualität. Alle Punkte der Befragungen zusammengenommen ergeben so etwas wie eine kartografische Zeichnung, die Anwendungsfelder, technische Potenziale, aber auch die mögliche Historizität und Wirkungsgrenzen von integrierten Kampagnen und Kampagnenführung aufzeigt.

Die gestellten Fragen variieren und richten sich nach dem Kompetenzfeld der interviewten Person. Explizites Ziel der Befragung war es, Haltungen, Praktiken und Überzeugungen zum Ausdruck zu bringen, die aufgrund ihrer Aktualität noch nicht empirisch ausgeleuchtet werden konnten. Vollständigkeit kann bei dieser Art der Befragung nicht das Ziel sein; vielmehr liegt der Schlüssel in der Aspekthaftigkeit der Aussagen. Jeder Interviewpartner berichtet aus seiner unmittelbaren beruflichen Praxis; Reflexion spielt dabei eine genauso große Rolle wie die Episodenhaftigkeit der einzelnen Projekte. Zusammen ergeben die Aussagen ein medienübergreifendes Bild über das Thema Kampagnenführung aus dem Blickwinkel

[1] Zum Begriff der integrierten Kommunikation vgl. v. a. Bruhn (2009).

D. Pietzcker, *Kampagnen führen*, DOI 10.1007/978-3-658-07194-3_4

von PR-Verantwortlichen, Web-Konzeptionern, Verbandsfunktionären, Kreativen sowie Social-Media-Managern.

Ziel der offenen Befragung war es also nicht, quantifizierbare Daten zu erheben, sondern erfahrungsgesättigte, wenn auch notwendig subjektiv gefärbte Aussagen über Kampagnenführung, Themenrelevanz, Alltagsmethodik und Markteinschätzung zu erhalten. Dabei stellt sich weniger die Frage, ob man im Einzelnen ihren Einschätzungen und Analysen folgt. Vielmehr geht es darum zu konstatieren, dass zutiefst unterschiedliche Sichtweisen und Einschätzungen von Methoden, Instrumenten und Gesamtkontexten existieren und auf ihre Weise das paradoxe und facettenreiche Bild der Kampagnenführung überhaupt erst konstituieren. Oder anders gesagt: Wenn es nur einen möglichen und denkbaren Weg gäbe, müsste dieser gar nicht erläutert, sondern lediglich beschritten werden.

Interview mit Dr. Johannes Bohnen[2]: *„Mehr Medien, aber nicht mehr Botschaften"*

Was ist – in Ihren eigenen Worten – integrierte Kommunikation?

Integrierte Kommunikation, das ist der Einsatz aller zur Verfügung stehenden und zweckdienlichen Kommunikationskanäle im Sinne der medialen Orchestrierung, also auf abgestimmte und zielgerichtete Weise. Dabei geht es immer um eine konsistente und widerspruchsfreie Erzeugung des gewünschten Erscheinungsbilds des Kunden, des Unternehmens oder des Produkts in der medialen Öffentlichkeit und im Bewusstsein der Anspruchsgruppen.

Thema Kampagne und Kampagnenführung: Welche Schritte und Maßnahmen müssen ergriffen werden, um medienübergreifend konsistente Botschaften zu entwickeln und zu senden?

Wesentliche Ankerpunkte sind die interne Absprache und der Zuschnitt der Botschaften auf die verschiedenen Kanäle. Zum Beispiel sollte eine Textbotschaft widerspruchsfrei auch visuell vermittelt werden können. Die gesprochenen Inhalte, etwa bei einem Interview, sollten nicht anders interpretiert werden können als das geschriebene Wort. Visuelle und textliche Botschaften müssen sehr gut aufeinander abgestimmt sein, um eine einheitliche Wirksamkeit zu erzielen.

Welche Auswirkungen hat der digitale Wandel auf Kampagnenentwicklung und Umsetzung? Gibt es dafür Beispiele?

Seit es soziale Medien und mobile Apps gibt, stehen mehr Kommunikationskanäle zur Verfügung. Und natürlich ist interaktive Kommunikation im Zeitalter

[2] E-Mail-Befragung am 25. Januar 2015. Johannes Bohnen ist Gründer und Geschäftsführer von BOHNEN Public Affairs, einer Berliner Agentur, die auf strategische Kommunikation und Government Relations spezialisiert ist.

des Web 2.0 problemlos möglich. Die Konsequenz dessen ist, dass weitaus mehr Empfänger in wesentlich kürzerer Zeit als je zuvor erreicht werden können. Kommunikationsprofis erhalten unmittelbares Feedback von den Empfängern ihrer Botschaften und können so die öffentliche Meinung zu einem Thema sehr schnell ermitteln. Dadurch können Kampagnen ohne viel Zeitverlust modifiziert und Kurskorrekturen vorgenommen werden. Außerdem lassen sich durch die Differenzierung der Medien Maßnahmen und Botschaften hervorragend feinjustieren.

Welche Relevanz haben noch die Printmedien? Werden sie nach wie vor von Unternehmen präferiert?

Print hat immer noch hohe Relevanz, nicht zuletzt, weil Printmedien wohl zu Recht bis heute als besonders seriös wahrgenommen werden. Viele Online-Quellen strahlen keine vergleichbare Glaubwürdigkeit und Autorität aus. Gleichzeitig kann praktisch kein Printmedium mehr ohne Online-Auftritt auf dem Markt bestehen. Bei der Präferenz würde ich nicht verallgemeinern, das kommt auf das Unternehmen, die Branche und natürlich vor allem auf die Empfänger an. Aber insgesamt überschätzen wir nach wie vor Print gegenüber Online.

Mehr Medien, mehr Botschaften, mehr Budget? Spiegelt sich der mediale Wandel auch in einer höheren Wertschätzung von Kommunikation wider? Worin äußert sich das (im positiven wie im negativen Fall)?

Sicher gibt es mehr Medien als früher, aber nicht unbedingt mehr Botschaften. Nur weil es jetzt mehr Kommunikationskanäle gibt, muss das nicht heißen, dass auch inhaltlich mehr, gehaltvoller und auf den Punkt kommuniziert wird. Wir müssen nur aufpassen, dass die Kernaussagen im Dschungel der Kanäle nicht verloren gehen. Was man in jedem Fall sagen kann, ist, dass Akteure, die vorher nicht kommunizieren konnten oder wollten, heute insbesondere die digitalen Kanäle nutzen. Das führt durchaus zu „mehr Botschaften".

Kommunikation ist vor allem eines geworden, nämlich relevanter als je zuvor: Mehr Menschen können schneller erreicht werden. Menschen konsumieren größere Mengen an Informationen, sie sind dabei wesentlich schneller als früher, sie werden skeptischer, was die Glaubwürdigkeit von Informationen angeht, und sie überprüfen viele davon im Handumdrehen.

Auch dass sich dafür sogar ein eigenes neues Wort herausgebildet hat, ist bezeichnend. Die Leute „googeln" heute, ob es überhaupt stimmt, was ein Unternehmen, ein Politiker oder sonst wer ihnen erzählt. Menschen stellen heute viel mehr als früher Akteure und ihre Handlungen in Frage und werden dadurch im positiven Sinne emanzipierter. Für eine kritisch denkende Bürgergesellschaft könnte das nicht besser sein. Soziologen sprechen schon von der sogenannten „Post-Trust-Ära". Kommunikation ist somit wichtiger denn je, gerade, um verlorenes Vertrauen wieder herzustellen.

Der Bedeutungszuwachs der neuen Medien spiegelt sich natürlich auch in den zur Verfügung gestellten Ressourcen wider. Mehr und mehr Firmen erweitern ihre Internetpräsenz inklusive interaktiver Formate und eröffnen Repräsentanzen in Berlin, die auf externe Unternehmenskommunikation und Public Affairs spezialisiert sind. Alle wichtigen Agenturen für strategische Kommunikation haben heute Fachabteilungen für den Bereich Social Media. Und Berufsakademien bieten heute zahlreiche Fortbildungen zu digitalen Strategien an, die von Kommunikationsprofis rege genutzt werden.

Welche Rolle spielen Bilder (Key Visuals) bei der Vermittlung von Botschaften? Ist diese Rolle in den letzten Jahren größer geworden?

Sprache und Text waren bislang das primäre Medium menschlicher Kommunikation. Doch auch Bilder spielen eine entscheidende Rolle beim täglichen Kampf um Aufmerksamkeit und bei der Beeinflussung der Empfänger. Infographics können zusammenfassen und besser erklären; Fotos ermöglichen einen zusätzlichen, verstärkenden Eindruck einer Lage oder eines Ereignisses. Vor allem aber können Bilder starke Emotionen hervorrufen und auch eine inhaltliche Aussage auf den Punkt bringen.

Auf der anderen Seite gilt jedoch, dass Bilder einer Nachricht auch abträglich sein können, z. B. künstlich verschönerte Bilder (durch Photoshop) oder Archiv-Fotos, die nichts mit der Kernaussage direkt zu tun haben. Kreatives Layout und Design werden immer wichtiger, um Bilder in den Köpfen zu verankern und eine Ästhetik zu erzeugen, die die Aufnahmefähigkeit der Empfänger für inhaltliche Botschaften erhöht.

Ist „Storytelling" im Bereich Public Affairs ein Thema?

Storytelling ist essenzieller Bestandteil erfolgreicher Kommunikation in der Post-Trust Era. Durch eine überzeugende Storyline, die logische Argumentationsketten mit ansprechender Visualisierung verbindet, kann die Skepsis mancher Empfänger überwunden werden. Storytelling ist ein effektives Instrument, um für Entscheidungsträger einen persönlichen Bezug zur Materie herzustellen – entweder als Eisbrecher am Anfang eines Gesprächs oder als Follow-up-Maßnahme. So gewinnt man heute Menschen für seine Sache.

Führt die Neigung, jede Kontroverse in der Öffentlichkeit auszutragen, in gegenläufiger Entwicklung zu einer neuen Kultur der Diskretion?

Diskretion stellt das Informationsbedürfnis heutiger Empfänger unter Druck und kann dem Image (nicht-)kommunizierender Akteure abträglich sein. Siehe die TTIP-Verhandlungen seitens der EU-Kommission. Die Devise lautet: Wenn Sie Ihre Story nicht selbst erzählen, wird sie jemand anderes für Sie erzählen – und dann nicht unbedingt zu Ihren Gunsten. Nur durch proaktive Kommunikation, nicht Diskretion, und am besten bestätigt durch Dritte (z. B. Testimonials) besteht die Chance auf Deutungshoheit in der öffentlichen Debatte. Nichtsdestotrotz kann es auch einen Überschuss an Transparenz und Information geben. Wo alles in die Öffentlichkeit gezerrt wird, entsteht ein Bedürfnis nach Rückzug und geschütztem Raum.

Viele Begriffe des Marketings stammen aus dem semantischen Feld des Militärs (Strategie, Kampagne, Eroberung von Marktanteilen, Expansion etc.). Ist diese Analogie noch zeitgemäß? Oder ist professionelle Kommunikation immer auch auf ein externes Ziel ausgerichtet, mithin im Kern aggressiv?

Es spricht nichts gegen die Verwendung militärisch anmutender Begriffe, zumal diese semantische Kategorie auch eher dem Feld „Wettbewerb/Ringen um den Sieg“ zuzuordnen ist, weniger dem Feld „Krieg und Militär“. Es geht darum, sich mit dem besten Argument zu behaupten. Dennoch: Kommunikation muss kein Nullsummenspiel sein. Die Kategorie von Sieger und Verlierer ist keineswegs die einzige. Auch sogenannte Win-win-Lösungen, Kooperationen oder schlicht eine Veränderung in der Wahrnehmung des Empfängers können bereits Erfolge darstellen. Teamfähigkeit und Kooperation relativieren die klassische Auseinandersetzung nach militärischem Muster. Mit Aggression hat man heute kaum noch Chancen. Die Öffentlichkeit von heute ist zu sensibel und zu wenig auf die Kommunizierenden angewiesen, um noch Toleranz für zu aufdringliche Formen der Kommunikation übrig zu haben. Plausibilität, nachprüfbare Fakten und Dialogbereitschaft – das sind, wenn Sie so möchten, die kommunikativ effektivsten Waffen.

Interview mit Thomas Avenhaus[3]: *„Eine Renaissance der Printmedien“*

Was ist, in Deinen eigenen Worten, eigentlich integrierte Kommunikation?

Integrierte Kommunikation hat ein starkes, einheitliches Erscheinungsbild und es liegt ihr oft eine prägnante Idee zugrunde. Die formale und inhaltliche Wiedererkennbarkeit lässt dann eine Vielzahl von Botschaften auf unterschiedlichen Kanälen zu; der Rezipient kann aber idealerweise immer den Absender sofort erkennen.

Für mich ist die beBerlin-Kampagne ein gutes Beispiel. Ihr lag die Idee zugrunde, Berlin als eine Stadt zu zeigen, die von spannenden Menschen geprägt wird. Formal wurde die Kampagne durch einen roten Rahmen geprägt, der immer der Bilderahmen für einen Menschen war, der etwas Besonderes geleistet hat. Der Slogan „be Berlin/sei Berlin“ rief auf, seinen eigenen Teil zu der Kampagne beizutragen. Viele Berliner ließen sich als Kampagnentestimonials fotografieren oder texteten Sprüche, die auf einem U-Bahn Groundstripe gezeigt wurden. Anzeigen,

[3] E-Mail-Befragung am 26. März 2015. Thomas Avenhaus arbeitet als freier Kreativdirektor (Text) in der Werbung, u. a. für TBWA, Hirschen Group, We Do und Marmelade Sky. Für seine Arbeiten wurde er mehrfach ausgezeichnet.

Filme, Events, eine breit angelegte Website stehen für integrierte und – was noch interessanter ist – aktivierende Kommunikation.

Wie lassen sich medienübergreifend konsistente Botschaften entwickeln und senden?

Das Ei des Kolumbus ist meiner Meinung nach immer die starke, belastbare Idee, die einer integrierten Kampagne zugrunde liegt. Dazu muss es im Vorfeld eine gute Strategie geben, die dafür sorgt, dass die Kreativen nicht in die falsche Richtung denken. Denn auch wenn die grundlegende Idee eine ganz einfache ist: Sie darf nichts erzählen, was nicht faktisch zutrifft oder was man nicht versteht. Mit einem tragfähigen konzeptionellen und strategischen Grundgerüst kann man immer wieder clever überraschen und die Geschichte immer weiter erzählen.

Ausdifferenzierung oder Nivellierung der Kommunikation – wohin geht der Trend?

Ich würde sagen, der Trend geht Richtung Ausdifferenzierung und Individualisierung. Es gibt nicht mehr nur zwei Fernsehsender und drei große, meinungsbildende Zeitungen. Es gibt viele mediale Alternativen zu TV-Konsum und Zeitungslesen, das Internet sorgt für eine vielfältige Auswahl an Quellen und Botschaften, die ich individuell aus einem riesigen Angebot selektieren kann. Ich sehe darin eigentlich nur Vorteile, denn nichts ist schlechter als eine eindimensionale, kontrollierte Meinungsmache. Das kennt man aus der Vergangenheit und leider auch wieder aus der Gegenwart.

Welche Auswirkungen hat der digitale Wandel auf Kampagnenentwicklung und Umsetzung?

Moderne Kommunikation schließt das Web selbstverständlich mit ein. Und da das Web heute nicht mehr eindimensional sendet, sondern alle User Sender und Empfänger sind, ruft Kommunikation idealerweise auf, mitzumachen, beizutragen. Sharing ist hier ein Zauberwort – allerdings teilen die User verständlicherweise bedeutend lieber Informationen und Wissen, welches frei von Marketinghintergründen ist. Wenn eine Kampagne davon leben will, dass User sie mitgestalten, muss sie sehr gute Angebote machen, ansonsten ist es ein mühsames Geschäft. Und da im Netz ja alles immer messbar ist, kann es auch ein erfolgloses Geschäft werden.

Welche Relevanz haben überhaupt noch die Printmedien?

Man hört von einer Renaissance der Printmedien. Ich kann das nachvollziehen, denn Werbung im Internet kann dem User sehr schnell auf die Nerven gehen. Wenn sich immerzu Banner über etwas legen und man das Symbol zum Wegklicken nicht findet, wirkt sich das meiner Meinung nach viel negativer aus als das gute alte Plakat, das an der Mauer hängt, oder eine Anzeige. Man kann hinschauen oder nicht, man muss sich nicht mit ihm oder ihr beschäftigen, man kann.

Für „Study in Germany“ im Auftrag des DAAD haben wir Plakate und Anzeigen von ausländischen Studierenden in Deutschland entworfen, die dann weltweit auf Bildungsmessen und in Universitäten hängen und in Hochschulzeitschriften geschaltet werden. Und tatsächlich gibt es häufig Feedback von jungen Leuten, dass gerade ein konkretes Plakat oder eine bestimmte Anzeige sie motiviert hätte, in Deutschland zu studieren.

Mehr Medien, mehr Botschaften, mehr Budget? Spiegelt sich der mediale Wandel auch in einer höheren Relevanz von Kommunikation wider?

Wenn ich heute auf Facebook gehe, fordern mich NGOs, für die ich mich interessiere, auf, Petitionen zu unterzeichnen, bekomme ich auf mich zugeschnittene Mode-, Immobilien- oder Unterhaltungsangebote. Daneben versuchen diverse Unternehmen mit interessanten Headlines und Stories, mich dazu zu bringen, ihren Beitrag anzuklicken. Dazwischen sind die Posts meiner Freunde. Ich selbst poste, like, kommentiere, teile. Es ist ein kommunikativer Akt des Hin und Her, der uns allen leicht von der Hand geht. Vor nicht allzu langer Zeit wäre einem das völlig fremd vorgekommen.

Das heißt: Wir sind heute viel direkter in Kommunikation eingebunden. Das ist positiv, weil man aktiver sein kann und möglicherweise auch Demokratie stärker zum Tragen kommt. Das kann negativ sein, weil sich durch die Flut der Botschaften – seien es solche mit kommerziellem oder nichtkommerziellen Hintergrund – eine Müdigkeit und Abstumpfung einstellt, die weder vor einer neuen Autokampagne noch einem Abschiebeskandal Halt macht.

Welche Rolle spielen Bilder (Key Visuals) bei der Vermittlung von Botschaften?

Key Visuals geben einer integrierten Kampagne den visuellen Anker. Je mehr Kanäle bespielt werden, desto wichtiger ist ein schnell erkennbarer roter Faden.

Meine Erfahrung bei der Arbeit mit vielen Kunden aus dem nichtkommerziellen Bereich (NGOs und Ministerien) hat gezeigt: Bilder sind wichtig, aber vor allem sind glaubwürdige Bilder wichtig. Es kommt immer darauf an, eine gewisse Wahrhaftigkeit zu zeigen, dafür muss man ein feines Gespür entwickeln.

Ist „Storytelling“ ein Trend?

Ja, ich gehe noch einmal auf die beBerlin-Kampagne zurück: Dort hat zum Auftakt der Regierende Bürgermeister in einem Spot aufgerufen: „Erzähl deine Geschichte“. Wir haben also in der beBerlin-Kampagne viele Stories erzählt – besser: viele Menschen ihre Geschichte erzählen lassen – und so ein vielfältiges, spannendes Bild von Berlin gezeigt, das wir nicht selbst, abstrakt, inhouse entworfen haben, sondern mit den Menschen zusammen. Und gerade Standortmarketing lebt meiner Meinung nach von einer Vielzahl glaubwürdiger Stimmen, um einer Stadt oder einem Land den richtigen Auftritt zu geben.

Gespräch mit Peter Klotzki[4]: *„Die Gesellschaft fragmentiert sich"*

Was bedeutet eigentlich integrierte Kommunikation?

Damit ist gemeint, dass alle Kommunikationsinstrumente, vor allem die eigenen, verbunden und aufeinander abgestimmt sind. Inhalt wird gezielt und überlegt ausgesteuert und auf den jeweiligen Kanal mit der entsprechenden Zielgruppe zugeschnitten. Inhalte werden dabei redaktionell erstellt und möglichst intensiv genutzt: bloß kein „Print-Friedhof" lautet die Devise! Integrierte Kommunikation ist Kennzeichen des Agierens mit eigenen Mediastrukturen.

Wie lässt sich medienübergreifend eine konsistente Botschaft entwickeln und verbreiten?

Es geht im Kern darum, Ziel und Zielgruppen genau zu definieren, jeweils auf diese bezogen klare Botschaften zu formulieren und jeweils passende Maßnahmen zu entwickeln. Nach dem Launch erfolgt schon begleitend die erste Evaluation, gegebenenfalls muss dann schon nachjustiert werden. Wichtig neben diesem Prozess sind die Emotionalisierung, Involvierung und Aktivierung der Zielgruppen.

Ausdifferenzierung oder Nivellierung der Kommunikation – wohin geht der Trend?

Die Gesellschaft insgesamt differenziert sich immer mehr aus. Soziologen sprechen längst von der Fragmentierung. Dem entspricht die immer weiter ansteigende Zahl von TV-Sendern oder Special-Interest-Magazinen. Es ist die Frage, was eine Kampagne, ein Kommunikator erreichen will: spitze Zielgruppenansprache oder breite Wirkung, also ausdifferenzieren oder nivellieren, wobei mir das ein nicht so passender Alternativbegriff zu sein scheint.

Welche Auswirkungen hat der digitale Wandel auf Kampagnenentwicklung und Umsetzung?

Vielfältige und umwälzende Auswirkungen! Um einige zu nennen: anderes Tempo (wie z. B. Flashmobs), neue Zielgruppen, dialogischer Ansatz, andere „Umgangsformen" und Eskalationen. Man muss „digitale Kampagne" können!

Welche Relevanz haben noch die Printmedien?

Printmedien gibt es in dem Sinne nicht, es gibt Verlagshäuser mit Print-Angeboten. Die freie Presse in gedruckter Form bietet meist hochwertigen Inhalt, Entschleunigung und als Ausschließlichkeitsmedium die beste Chance zur Vermittlung von Inhalten und seriöser Unterhaltung. Journalistische Medien stehen für klare Standards wie die Trennung von Kommentar und Bericht, von Redaktion und Anzeige und haben mehr als andere Kanäle die Glaubwürdigkeit auf ihrer Seite.

Mehr Medien, mehr Botschaften, mehr Budget? Spiegelt sich der mediale Wandel auch in einer höheren Relevanz von Kommunikation wider?

---

[4] Persönliche Befragung am 27. März 2015. Peter Klotzki ist Geschäftsführer des Verbandes der deutschen Zeitschriftenverleger (VDZ) in Berlin.

Es gibt so viel mehr Angebote an Information und Unterhaltung. Der Kampf um die Aufmerksamkeit der Menschen und die Budgets der Werbekunden ist härter denn je. Die technische Medienkompetenz der Menschen ist gewachsen, ein Stück auch die inhaltliche. Es hat sich eine Vielzahl von Plattformen zu Spezialthemen entwickelt. Die Verpackung von Kommunikation muss besser sein, die inhaltliche Stärke auch!

Ist „Storytelling" ein Trend?

Das ist ganz klar ein Trend, wobei der Begriff weit und dehnbar ist. Auf jeden Fall bedient es den Trend zu weniger Abstraktion.

Gespräch mit Michael Handrick[5]: *„Glaubwürdigkeit ist das wertvollste Gut der Kommunikation"*

Was ist – in Ihren eigenen Worten – integrierte Kommunikation?

Aus Unternehmenssicht hat integrierte Kommunikation zwei wesentliche Aspekte, einen organisationsinternen und einen kommunikationsspezifischen. Organisationsintern geht es darum, eine Struktur und Managementkultur zu schaffen, in der es möglich ist, konsistente und einheitliche Botschaften von strategischer Tragweite zu entwickeln und nach außen zu bringen. Kommunikationsspezifisch meint die Kompetenz, hierbei Wesentliches von Unwesentlichem zu trennen und Aussagen zu verdichten.

Welche Rollen spielen die Printmedien?

Printmedien und Außenwerbung, wie zum Beispiel Plakate oder Citylights, haben noch immer enorme Reichweite. Bei den Printmedien kommt hinzu, dass Zeitungen und Zeitschriften noch immer eine hohe Wertigkeit und Glaubwürdigkeit besitzen, ich denke da insbesondere an die seriöse Tagespresse. Natürlich hat Print durch die digitale Transformation Terrain verloren, aber wenn es um Leitmedien geht, ist der Qualitätsjournalismus noch immer unangefochten. Zumindest hierzulande.

Mehr Medien, mehr Botschaften, mehr Budget?

Das Budget steigt moderat, aber sicherlich nicht in dem Maße, wie neue Kanäle hinzukommen.

Welche Rolle spielen Bilder (Key Visuals) bei der Vermittlung von Botschaften? Ist diese Rolle in den letzten Jahren größer geworden?

Bilder wirken in jedem Fall! Visualisierungen erfahren eine größere Verbreitung, insbesondere in sozialen Netzwerken. Und natürlich ist es auch im digitalen Zeitalter zwingend notwendig, die Markenbotschaft in der Bildsprache einer Organisation nach vorn zu stellen, ja überhaupt eine eigene Bildsprache zu entwickeln.

[5] Persönliches Gespräch am 30. Januar 2015 in Berlin. Michael Handrick verantwortet die Markenkampagnen der Diakonie Deutschland.

Das ist in unserer visuellen Welt ein wichtiges Thema. Bei der Diakonie ist das zum Beispiel der Begriff Nächstenliebe – ausgedrückt als menschliche Nähe, Engagement und Zuwendung. Tatsächlich hat eine unabhängige Marktforschung gezeigt, dass viele unserer Mitarbeitenden über eine sehr hohe intrinsische Eigenmotivation verfügen. Dieses Alleinstellungsmerkmal bringen alle unsere Bildmotive auf den Punkt.

Ist „Storytelling" für Sie ein Thema?

Es geht nicht darum, unterhaltsame Geschichten zu verbreiten, sondern wahre Begebenheiten so darzustellen, dass sie verstanden und nachvollzogen werden. Eine gut erzählte Geschichte wird immer Zuhörer finden. Sie muss aber wahr sein. Um die Frage zu beantworten: Storytelling ist wichtig, wird aber zu sehr gehypt.

Ist die Macht der Öffentlichkeit durch Social Media gewachsen?

Wer sich mit einer Aktion in die Öffentlichkeit begibt, hat das Recht auf Kritik! Soziale Medien sind primär dialogorientiert, und da kommen eben nicht nur Aussagen zutage, die einem gefallen. Aber diese Kritikfähigkeit, das Aushalten von Gegenargumenten, ist genau Teil des Dialogs. Ist die Macht der Öffentlichkeit dadurch gewachsen? Ich würde sagen, ihre Rolle ist eine andere geworden. Nämlich Sparringspartner der Organisationen und Unternehmen.

Literatur

Bruhn, M. (2009). *Integrierte Unternehmens- und Markenkommunikation.* Stuttgart: Schäffer-Poeschel.

Kommunikation und soziale Netze

5

Der Siegeszug der neuen Medien in Gesellschaft, Kommunikation und Campaigning

Der Befund ist eindeutig. Die technologische Transformation der Mediengesellschaft ist bereits weit fortgeschritten und es gibt keinen Weg zurück ins analoge Zeitalter. Alles andere wäre Nostalgie. Die digitale Revolution hat zu einer Erosion tradierter Kommunikationskanäle geführt. In Konsequenz ist das Kommunikationsmonopol von Unternehmen, Organisationen und Institutionen unwiederbringlich gefallen. Die kommunikative Aufgabenteilung zwischen Unternehmen und Medien – die einen liefern die Inhalte, die anderen sorgen für deren Distribution, was kritische Nebentöne natürlich nicht ausschließt – ist eine radikal andere geworden. In Zeiten der sozialen Medien konkurrieren die gesteuerten Informationsangebote der Organisationen mit mehr oder weniger anarchischen Meinungsbekundungen durch Blogger, Freizeitjournalisten, Trolle und mitteilungsfreudige Twitterer. Das einzig verbindende Element dieser Entwicklung ist die Tendenz, die Medieninhalte von der Informationsquelle selbst zu entkoppeln. In Konsequenz implodiert die Kontrolle über selbstgenerierte Inhalte auf Seiten der Organisationen, Institutionen und Unternehmen. Dieser Verlust ist total. *Wenn jeder Mensch sein eigenes Medium ist, wird dadurch auch die Rolle jedes einzelnen Mediums radikal entwertet.*

Im Kern führt die digitale Transformation zu einer medialen Neuordnung unter dem Vorzeichen der Atomisierung. Die logische Konsequenz daraus ist der Versuch, digitale Cluster mit einem möglichst hohen medialen Impact zu bilden. So entstehen Informations- und Entertainmentportale, die, ob mit oder ohne mobile Anwendung, Aufmerksamkeit und Interesse auf sich ziehen. Vor allem aber sollen wiederkehrende Klickraten erzielt werden. Auch für die sozialen Medien gilt die Regel, dass Mehrfachkontakte von Lesern und Usern deutlich wertvoller sind als einmalige oder zufällige. Je mehr Akzeptanz, Querverweise, Beifall oder einfach nur Bekanntheit ein Medium auf sich zieht, desto mehr Relevanz besitzt es. Allerdings mit einer gewichtigen Einschränkung: Diese Relevanz gilt nur für

D. Pietzcker, *Kampagnen führen*, DOI 10.1007/978-3-658-07194-3_5

spezifische Zielgruppen. Die geradezu überwältigende Zahl an Portalen, Bloggern und Informationsangeboten im Web relativiert sich schnell. Nur wenigen neuen Formaten gelingt es, zu einem Angebot mit echter Massenwirkung aufzusteigen.

Die Mechanismen, um Aufmerksamkeit zu generieren, Interesse und Begehrlichkeit zu wecken sowie individuelle Interessen erst zu artikulieren und anschließend zu bündeln, lassen sich vielfältig adaptieren. So ist es bemerkenswert, dass die kommunikativen Methoden die gleichen sind, unabhängig davon, ob es sich um Konsuminteressen oder echte soziale Anliegen in der NGO-Kommunikation handelt. Der Zweck tritt hinter dem Mittel zurück:

> Soziale Bewegungen begleiten die Geschichte moderner Gesellschaften seit langer Zeit und sie kommen dennoch immer wieder überraschend. (…) Die stets wiederkehrende Überraschung mag mit dem Mechanismus von Massenmedien zu tun haben, die erst auf ein Phänomen aufmerksam werden, wenn es sich aufdrängt, und dann sehr intensiv berichten. Einflussreich ist aber auch, dass soziale Bewegungen immer wieder quasi „aus dem Nichts" entstehen. (…) Erst wenn sich diese Entwicklung vernetzt und koordiniert, wird eine soziale Bewegung sichtbar. (Roose 2013, S. 141)

Handelt es sich um ein gesellschaftliches oder ein wirtschaftliches Anliegen, um Konsuminteresse oder altruistisches Engagement? In der Wahl der Kommunikationsmittel und -instrumente macht dies schon lange keinen Unterschied mehr. Diese Verwischung von Moral und Geschäftsinteresse scheint im digitalen Zeitalter besonders verbreitet zu sein.[1]

Symptomatisch für die dramatischen Veränderungen durch den technologischen Wandel ist die neue Rolle des Rezipienten. Klassische Kommunikationsmodelle gingen von einer klaren Rollenverteilung zwischen Sender und Rezipienten einer Botschaft aus (vgl. Abb. 5.1). Je nach situativer Ausrichtung war ein gleichberechtigter Dialog unter vorgegebenen Bedingungen möglich, eingeschränkt oder unmöglich. Die jeweiligen Aufgaben und Befugnisse waren klar verteilt – Diskursbestimmung auf der einen Seite, Annahme und Affirmation auf der anderen Seite. Kritik war legitim, aber im Kern unerwünscht und meistens folgenlos. Das beste Beispiel hierfür waren die Geisterdebatten in der Rubrik Leserbriefe der überregionalen Tageszeitungen. In dieser analogen und sehr übersichtlichen Weise funktionierten das Fernsehen, das Zeitungs- und Verlagswesen sowie insbesondere die Werbung. Diese schränkte die Dialog- und Reaktionsfunktion zumeist auf die erwünschte Kaufhandlung ein. Die digitale Transformation hat dieses Modell vollständig historisiert. Es gibt kein Medienmonopol, keine Vorherrschaft über Inhalte und keine Kontrolle über Reaktionsweisen mehr.

[1] „To make the world a better place" ist nicht von ungefähr eine häufig gebrauchte Worthülse, wenn es um die Erläuterung von digital basierten Geschäftsmodellen geht.

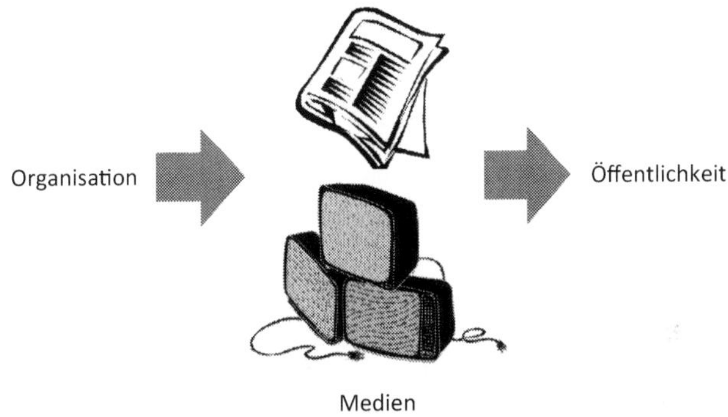

Abb. 5.1 Das klassische Kommunikationsmodell von Sender (*Organisation*) und Empfänger (*Öffentlichkeit*) nach Shannon und Weaver. (Quelle: In Anlehnung an Shannon (1948))

Die einfache Hierarchie von Medium und Rezipient, die zugleich ein klares Distanzverhältnis konstituierte, ist vollständig diffundiert. An ihre Stelle ist eine neue, wesentlich komplexere Hierarchie- und Kommunikationsstruktur getreten. Diese ist hauptsächlich dadurch gekennzeichnet, dass die grundlegende Unterscheidung zwischen Medium und Rezipient aufgelöst worden ist. Die sozialen Medien ermächtigen jeden Einzelnen, zu einem eigenen Medium zu mutieren – mit eigenen Ziel- und Anspruchsgruppen, eigenen Botschaften und eigenen Kanälen. Die neue Medienrealität zeichnet sich also nicht nur durch eine ungewohnt große Vielfalt an technologischen Möglichkeiten aus, sondern sieht ausdrücklich eine neue Marktfunktion vor. Aus Konsumenten werden Träger eigener Medien, aus Rezipienten die Hersteller von selbstinszenierten medialisierten Inhalten (vgl. Abb. 5.2).

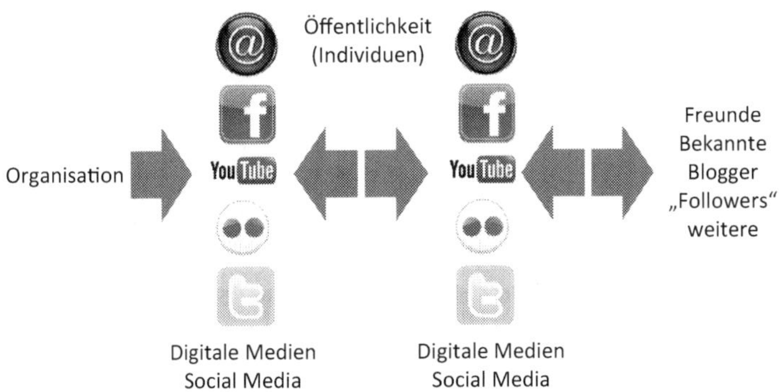

Abb. 5.2 Die Medialisierung der Rezipienten durch neue technologische Angebote und Möglichkeiten

Das medial gespiegelte Grundmodell verliert an Trennschärfe und Praktikabilität. Aus der Perspektive von Kommunikationsverantwortlichen stellt sich somit das Dilemma, wie es im Zeitalter der allgegenwärtigen Kommunikation und der multiplen Plattformen überhaupt gelingen kann, diskursbestimmend zu sein oder zumindest kommunikative Leitplanken zu etablieren. Die Lenkbarkeit kommunikativer Inhalte scheint, zumindest im Modelldenken, schwieriger geworden zu sein. Ernsthaft stellt sich die Frage: „Mehr Möglichkeiten – weniger Wirkung?" (Voss 2013, S. 192) Die oftmals angeführte Suchmaschinenoptimierung (SEO) kann zumindest für diesen Fall kein Lösungsansatz sein, denn sie setzt ja genau jene Präferenzen voraus, die es erst zu schaffen gilt.

Ein gangbarer Weg, der zum Konsumenten führt, ist die Kolonisierung des Netzes durch den Versuch, möglichst viele Rezipienten als Informationsvermittler gewünschter Inhalte zu gewinnen. Meinungsmacher, Blogger und sogenannte YouTuber gewinnen für Unternehmen und Organisationen eine umso größere Bedeutung, je höher die Schnittmenge zwischen deren Followern und ihren potenziellen Konsumenten ist. Der Vernetzungsgrad ist dabei genauso wichtig wie die Affinität zu spezifischen Produkten, Dienstleistungen oder einem Lifestyle. Konsumaffinitäten hinterlassen im Web ihre Spuren und können in Form personalisierter Angebote wieder aufgegriffen werden.

Hinter der vordergründig fragmentierten Medienlandschaft, deren unterschiedliche Höhenzüge längst kein topografisch einheitliches Bild mehr abgeben, werden allerdings erstaunlich stabile Grundstrukturen deutlich. Diese liegen jedoch nicht in den Medien selbst oder in ihren Inhalten, sondern in den Präferenzen, Gewohnheiten, Bedürfnissen und empfundenen Mängeln[2] der Rezipienten. Diese Abbilder der anthropologischen Bewusstseinslage bilden in Wahrheit das große medien- und zeitübergreifende Kontinuum: Sehnsucht nach Liebe, Bedürfnis nach sozialer Anerkennung und, als negative Matrix, die Angst vor Verlust, Einsamkeit, Krankheit und Alter. Ein unmittelbarer Bezug zu diesen anthropologischen Konstanten ist noch immer einer der Schlüsselfaktoren für kommunikativen Impact. Der Siegeszug der digitalen Kommunikation ist also einerseits technologisch getrieben, andererseits bedient er atavistische menschliche Verhaltensmuster, die völlig unabhängig von Technologie und Medienwandel existieren. Es gibt keine neuen menschlichen Bedürfnisse, sondern lediglich zeitgemäße und zivilisatorisch angepasste Ausdrucksformen anthropologischer Grundkonstanten. Digitale Technologie und soziale Vernetzung sind genau solche angepassten Ausdrucksformen, die

[2] Arnold Gehlen formulierte in seinem ambitionierten Buch „Der Mensch" die anthropologische Grunderkenntnis über den Menschen „als Mängelwesen" (Gehlen 1943). Heute kann man sagen: Je größer die Konsumbedürfnisse werden, desto deutlicher wird der eigene innere Mangel empfunden.

in Ermangelung einer anderen Dominante den wirtschaftlichen und gesellschaftlichen Diskurs maßgeblich bestimmen. Die Kommunikationstechnologie ist hier nur der Vorbote einer gesamtgesellschaftlichen Entwicklung, die das soziale, wirtschaftliche und kulturelle Leben grundlegend verändert und weiterhin verändern wird.

Die brachiale Disruption, die den digitalen Wandel kennzeichnet, wird nicht zuletzt bei Wahlkämpfen im angelsächsischen Raum deutlich. So betont etwa Jim Messina, Wahlkampfleiter von Barack Obama, Berater von David Cameron und neuerdings auch von Sigmar Gabriel:

> Im Wahlkampf 2008 hatte das Obama-Team nur einen einzigen Tweet abgesetzt, 2012 jedoch war Twitter das dominante Kommunikationsmittel. Soziale Medien sind kein Zweck, sondern ein Mittel. (Sattar 2015, S. 5)

Innerhalb von nur einer einzigen Wahlperiode haben sich Leitmedien, Rezeptionsverhalten und Aktivierungsstrategien vollkommen geändert. Jim Messina beschreibt den Prozess, wie es mithilfe sozialer Medien im Präsidentenwahlkampf 2012 gelang, Botschaften zu personalisieren und regional zu spezifizieren:

> Am Ende habe das Obama-Team mit 150 Millionen Online-Kontakten die Wähler regelrecht gestalkt. Insbesondere die Gruppe der Unentschlossenen sei so mehrheitlich überzeugt worden – *und zwar nicht mit den ewig gleichen Slogans, sondern heruntergebrochen auf die Probleme bestimmter Regionen* (…). „Being viral" sei der Schlüssel. (Sattar 2015, S. 5; Hervorhebung des Verfassers)

Die sozialen Medien sind ein Instrument zur Simulierung sozialer Nähe. Algorithmen und Nutzerprofile ergeben zusammen eine Datenbasis, die es gestattet, Individuen bezüglich ihrer Bedürfnisse real anzusprechen – mit ihren persönlichen Präferenzen, Geschmacksmustern, Interessen und Konsumwünschen. Ein kommunikativer Impuls, der empathische Kenntnis vorgibt, wo tatsächlich kühle Analyse vorherrscht. Das ist zweifellos von Vorteil, wenn es gilt, Bindungen zu vertiefen und sich stets aufs Neue mit aus Rezipientensicht relevanten Informationen in Erinnerung zu rufen. Gegenüber der kommunikativen Einbahnstraße analoger Kampagnen stellt dieser Aspekt eine völlig neue Qualität dar. Die Frage, die sich dabei erhebt, lautet: Welche Herangehensweisen und Instrumentarien sind geeignet, dieses neue, interaktive Wissensplateau zu erreichen und aktiv zu gestalten? Die Medienexpertin Mercedes Bunz schreibt hierzu:

> Diese neue Art der Arbeit verlangt neue Investitionen und neue Strukturen (…). Es geht nicht länger darum, Routineprozeduren zu überwachen und (…) irgendwelche Daten möglichst effizient zu verwalten. Heute gilt es, auf kreative Weise das Kommunikationsnetzwerk zu managen: Input muss abgefragt und an den richtigen Stellen

dynamisch durch eine komplexe Struktur von Teams, Projekten und Problemen geschleust werden. (Bunz 2012, S. 42)

In dieser Beschreibung allgemeiner Arbeitsabläufe wird mehr als deutlich, dass die Digitalisierung der Kommunikation nicht nur im Ergebnis das Leitmedium einer Kampagne prägt, sondern viel mehr noch, dass das digitale Leitmedium selbst den Arbeitsprozess, der zu ihm führt, radikal und unwiderruflich verändert. Social-Media-Kampagnen reagieren auf ein revolutioniertes Rezeptionsverhalten im Markt und in der Gesellschaft. Zugleich jedoch setzen sie bei ihrer Umsetzung durch professionelle Teams genau die vernetzte Arbeitsweise schon voraus, die sie im Markt erst bedienen möchten. *Nur vernetzte Arbeitsprozesse können daher auch zu einem vernetzten Kommunikationsergebnis führen.* Die Anpassung an ein grundlegend verändertes mediales Umfeld ist eine der wesentlichsten Voraussetzungen für kommunikativen Impact. Gerade weil das mediale Umfeld ein anderes geworden ist, müssen auch professionelle Kampagnen darauf reagieren. Als Akteure am Markt sind sie dabei zugleich die Treiber und die Getriebenen der fortschreitenden Vernetzung.

Simulierte Nähe und Personalisierung sind zwei enorme Stärken von Social Media. Ihnen gelingt, was herkömmlichen Massenmedien und ihrer oftmals grobkörnigen Psychologisierung[3] bislang verwehrt geblieben ist, nämlich der direkte Zugang in die Privatsphäre und Gefühlswelt der Rezipienten. Persönliche Vorlieben und Idiosynkrasien können von sozialen Medien geradezu idealtypisch abgebildet und zugeordnet werden. Die Differenzierung generalisierbarer Aussagen auf Einzelpersonen führt dazu, dass der Sog eines breiten Mainstreams entsteht, in dessen Strömung sich jeder Einzelne aufgehoben, sicher und verstanden fühlt. Überall findet er Gleichgesinnte, potenzielle Verbündete, Menschen mit ähnlichen Vorlieben oder Abneigungen. Kurzum: Es gibt keine Einsamkeit mehr.

Was bedeutet das aus der Perspektive professioneller Kampagnenführung? Dialog, Vernetzung, Individualisierung und Lokalisierung sind notwendigerweise Bestandteile der erfolgreichen Ansprache über soziale Medien. Ob es sich dabei um politisches Wahlverhalten oder um den Vollzug eines wünschenswerten Konsum-

[3] Zum gesamten Diskurskomplex von Massenkommunikation und Massenpsychologie, der vor allem in der ersten Hälfte des 20. Jahrhunderts besonders virulent war, vgl. u. a. Le Bon (1908), Ortega y Gasset (1931), Jaspers (1932), Jünger (1932) sowie Canetti (1961). Kommunikationstheoretisch von hohem Belang ist ferner die Studie des amerikanischen Sozialwissenschaftlers Riesman (1950). In den 60er Jahren schwand das Interesse an massenpsychologischen Phänomenen, zumal sie stets in gesellschaftlicher Engführung mit Totalitarismustendenzen diskutiert wurden. Abschließend Eliot (1991 [1962], S. 107): „A mass-culture will always be a substitute-culture."

musters handelt, ist im Prinzip sekundär. Wie bei klassischen Kampagnen auch ist das Ziel am Ende des Kommunikationskorridors eine Bewusstseins- und Verhaltensänderung auf Seiten der Rezipienten. Es geht eben nicht nur um die Aufnahme von Informationen, sondern immer auch um Suggestionen von Bedürfnissen, Interessenwahrnehmung und ihre Befriedigung.

Eine erfolgreiche Social-Media-Kampagne wird immer auf den inneren Bedürfnissen der Rezipienten aufbauen. Sie sind der wichtigste Schlüssel zum kommunikativen Erfolg. Bedürfnisse lassen sich zwar stimulieren, aber niemals simulieren. Starke emotionale Muster und anthropologische Konstanten – Prestige und das Gefühl von Aufmerksamkeit und Zuwendung – sind und bleiben die stärksten Anker menschlicher Kommunikation, egal auf welcher zivilisatorischen oder technologischen Stufe sie steht.[4] Anpassung an das vorgefundene soziale, wirtschaftliche und gesellschaftliche Feld scheint dabei unerlässlich. Ein bekanntes Bonmot aus der amerikanischen PR-Industrie lautet entsprechend: „We must learn to adapt ourselves to the conditions that exist. One cannot fight in the jungles of Vietnam with battleships.“ (Ewen 1996, S. 402) Das gilt für ideologische Veränderungen ebenso wie für technologische Transformationen.

Um den Durchdringungsgrad sozialer Medien zu ermessen, ist es wichtig, sich nochmals die hervorstechenden Merkmale der digitalen Transformation zu vergegenwärtigen. Nur so lassen sich tragfähige Schlussfolgerungen auch für Kampagnen im digitalen Raum ziehen. Drei Aspekte scheinen dabei besonders augenfällig: *Technologisierung, Simultaneität und Vernetzung.*

Mit der fortschreitenden und sich spürbar beschleunigenden *Technologisierung des sozialen und wirtschaftlichen Lebens* wird in letzter Konsequenz eine neue Form des menschlichen Zusammenlebens initiiert. Smartphones und interaktive Oberflächen jeder Art ergänzen und ersetzen das soziale Habitat des Menschen. Das Fenster zur Welt schrumpft auf Bildschirmgröße. Darin allerdings spiegelt sich eine neue Quantität an Informationen, Verbindungsmöglichkeiten und Erlebnisweisen.

[4] Dies zumindest ist die Erkenntnis, die sich wie ein roter Faden durch die breitgefächerten ethnologischen Studien von Ruth Benedict, Bronislaw Malinowski und Margaret Mead bis hin zu Claude Lévi-Strauss zieht. Zum historisch neuen Zusammenhang von Ethnologie und digitale Medien vgl. Miller (2012). In seiner Studie aus Trinidad „Das wilde Netzwerk“ kommt Miller zu dem Befund, dass soziale Medien auch in anderen Kulturkreisen primär zwei Zwecken dienen: Statusabsicherung und Kontrolle. Anders gesagt, auch soziale Medien stehen im paradoxen Spannungsfeld von Freiheit und Überwachung, Belohnung und Sanktion, Privilegierung und Marginalisierung (vgl. Miller 2012, S. 137 ff.).

> Der Alltag der Menschen wird immer mehr von Technologie durchdrungen. Ob im Bereich Kommunikation, Freizeit oder Konsum – Technik ist allerorten. Und sie wird von Menschen unterschiedlichster Altersgruppen selbstbewusst genutzt, gezielt eingesetzt und zum eigenen Vorteil verwendet. (Plehwe 2007, S. 14)

Durch die digitale Technologie wird das Verhältnis von Mensch und Maschine – dieses dialektische Schreckgespenst der frühen Industrialisierung – neu definiert.[5] Die Maschine selbst wird integraler Bestandteil des Menschen. Schaulust, Zugehörigkeitsgefühl und oberflächliche Wunscherfüllung lassen sich mehr oder weniger problemlos befriedigen:

> Im Zeitalter interaktiver elektronischer Massenmedien vollendet sich die dialektische Struktur der Schaulust, indem sie gesellschaftlich verwirklicht wird. (…) in Zeiten virtueller Vernetzung (…) werden alle zu Voyeuren. (Voss 2002, S. 185)

Aus der Perspektive professioneller Kommunikation ergeben sich aus diesen Sozialbefunden enorme Potenziale: Reale Bindungen können durch virtuelle ersetzt werden. Die Faktoren hierfür lauten Ansprechbarkeit, Dialogfähigkeit und Personalisierung. Wenn diese drei Faktoren technisch gegeben sind, steht einem breiten Roll-out nichts im Wege. Fehlt einer der drei Faktoren, scheitert die Kampagne an der Erwartungshaltung ihrer Rezipienten. Denn gerade die Interaktivität – Dialog und *responsiveness* – machen die sozialen Medien zu einem überlegenen Kommunikationsinstrument.

Simultaneität ist eine Erfahrung, die nur durch eine avancierte Kommunikationstechnik möglich geworden ist. Geschehnisse vollzogen sich schon immer gleichzeitig, wenn auch räumlich getrennt. Die wesentliche Veränderung jedoch ist, dass wir nun von diesen multiplen Geschehnissen unmittelbar in Kenntnis gesetzt werden. Wir sind an einem Ort und wissen doch fast permanent, was an anderen Orten passiert. Diese Erfahrung der Simultaneität führt konsequenterweise zu einer Aufhebung räumlicher Grenzen. Auch die Kommunikation unterwirft sich der Simultaneität. Die eigene Botschaft muss so stark, visuell eindrucksvoll, relevant oder unerhört sein, dass es ihr für einen kurzen Moment gelingt, andere Informationsreize zu verdrängen. Simultaneität führt zu einem enormen Wettbewerbsdruck über kommunikative Inhalte und ihre Wirkung. Paradoxerweise führt dieser Wettbewerb nicht zu einer neuen inhaltlichen Qualität, sondern zu einer immer größeren Quantität der Botschaften. Alles geschieht gleichzeitig – über alles wird gleichzeitig berichtet. Der Begriff *Echtzeit* ist Ausdruck dieser Simultaneität. Echtzeit ist der neue Standard für Aktualität; im Prinzip kommt alles, was später folgt, bereits zu spät. Echtzeit, symbolisiert durch den Hashtag („#"), erhöht den

[5] Vgl. die folgenreiche Abhandlung von La Mettrie (2001), S. 160.

Zeitdruck für alle Kommunikatoren enorm. Aktualität war schon immer das vorrangige Gesetz der Kommunikationsbranche; Echtzeit hingegen erfordert einen unmittelbaren Vollzug, *coute qui coute.*

Die wechselseitige *Vernetzung* gehört ebenfalls zu den entscheidenden Faktoren digitaler Kommunikation. Die Tatsache, dass Rezipienten selbst über eigene Medien mit prinzipiell globaler Reichweite verfügen, führt zu völlig neuen Bindungen außerhalb der klassischen Kommunikationskanäle. Informationsmonopole sind obsolet, der Einzelne kann aus einer Vielzahl mehr oder weniger seriöser Quellen schöpfen und daraus seinen Informationsdurst stillen. Vernetzung bedeutet Beschleunigung und führt in Konsequenz zu einer Verringerung der Reaktionszeit. Für gedankliche Reflexion bleibt weniger Raum, Kommunikation verlagert sich immer stärker auf reaktive Felder wie Blogs, Twitter und den Austausch von Bildinformationen über globale Portale. Analoge Kommunikationsmuster sind abgehängt und hoffnungslos obsolet. Bemerkenswert ist der Schlachtruf französischer Medienmacher: „La télévision analogique est morte. Vive la télévision connectée!" (Mbongo et al. 2013, S. 141) Vernetzung ist eine neue Qualität der Verbindung: dialogisch, offen, aber nur vordergründig egalitär.

Diese Entwicklung birgt aus der Perspektive von Organisationen ein gewichtiges Problem. Während einerseits die Bedeutung von medial vermittelter Kommunikation stetig wächst und im Alltag einen immer größeren Raum beansprucht, schwindet die Relevanz jedes einzelnen Akteurs. Wenn alle etwas zu sagen haben und über ihr eigenes Medium verfügen, hat jeder Einzelne zugleich weniger zu sagen. Die Wahrscheinlichkeit, dass eine Organisation mit ihren Botschaften außerhalb ihrer eigenen, schon vorhandenen Klientel durchdringt, wird dabei geringer. Die Lösung dieses Dilemmas liegt darin, die ursprünglichen Empfänger einer Botschaft zugleich zu ihren Distributoren in den sozialen Medien zu machen.[6]

Der Siegeszug der neuen Medien lässt sich vielleicht am ehesten durch eine schlichte Zahl veranschaulichen. Im August 2015 nutzten erstmals an einem einzigen Tag eine Milliarde Menschen das soziale Netzwerk Facebook.[7] Die schiere Zahl spricht für sich: kein Unternehmen, keine Organisation und keine Marke verfügt über ein solches Nutzerpotenzial. Entscheidend dabei ist, dass diese Menschen nicht als Einzelne angesprochen werden, sondern untereinander auf vielfältige Weise vernetzt sind. Dies schafft neue Formen der Verbindung untereinander, die aufzubrechen oder umzulenken fast unmöglich ist. In den sozialen Medien ist

---

[6] Dies ist auch der Grund, weshalb Medienunternehmen eigene Blogs unterhalten bzw. ursprünglich unabhängige Blogger in ihre eigenen Dienste stellen. Eine Praxis, die vor allem im Bereich Fashion und Lifestyle verbreitet ist.

[7] FAZ, 29. August 2015, S. 29.

eine Organisation oder ein Unternehmen tatsächlich nicht mehr als eine einzige Stimme im Chor der Ungezählten. Es ist zudem bemerkenswert, dass die höchste Popularität im Netz eben nicht Organisationen, sondern Einzelpersonen zukommt – den personifizierten Projektionsflächen aus Sport und Entertainment. Kein Zufall also, dass Testimonialkampagnen aus genau diesem Personenkreis zu den bevorzugten Kommunikationsformaten gehören.

Die erstaunliche technische Möglichkeit, beliebige Informationen gleichzeitig einem beliebig großen Personenkreis global zur Verfügung zu stellen, hat innerhalb kurzer Zeit zum Aufstieg eines neuen Wirtschaftszweiges geführt, der sogenannten „Sharing Economy". Hier fallen Angebot und Information unmittelbar zusammen. Denn es sind ausschließlich zeitlich eng befristete Angebote und Dienstleistungen, die nachgefragt werden können: Mobilität, temporäres Wohnen, Austausch von Arbeitsleistungen innerhalb eines definierten zeitlichen und lokalen Korridors. Der Begriff „Sharing" ist dabei irreführend, handelt es sich doch um die möglichst maximale Kommerzialisierung und Monetarisierung vorhandener zeitlicher oder materieller Ressourcen. Auch hier sind Technologie, Simultaneität und Vernetzung die Grundvoraussetzungen. Angebot und Kommunikation sind in diesem Fall vollkommen kongruent.

Synopsis Kap. 5

Im digitalen Zeitalter verwandelt sich der Einzelne vom stummen Rezipienten zum interaktiven Medium. Organisationen und Unternehmen verlieren ihr Kommunikationsmonopol, zugleich steigt der Konkurrenzdruck durch die absolute Zahl verfügbarer Informationen. Relevanz ist dabei eine Kategorie, die ausschließlich den potenziellen Kunden, Wählern oder Konsumenten zukommt, nicht mehr den Organisationen selbst. Der Schlüssel zum kommunikativen Erfolg in sozialen Medien liegt also darin, die Rezipienten selbst zu Botschaftern der eigenen Sache zu machen. Entscheidende Bedeutung kommt dabei dem neuen Standard der Aktualität als Echtzeit zu. Alles, was geschieht, geschieht simultan. Wer zu lange zögert, gerät schnell ins kommunikative Hintertreffen.

Literatur

Bunz, M. (2012). *Die stille Revolution*. Berlin: Suhrkamp.

Canetti, E. (1988 [1960]). *Masse und Macht*. Frankfurt a. M.: Büchergilde Gutenberg.

Eliot, T. S. (1991). *Notes towards the definition of culture*. London: faber and faber.

Ewen, S. (1996). *PR! A social history of spin*. New York: Perseus Books.

Gehlen, A. (2014 [1940]). *Der Mensch. Seine Natur und Stellung in der Welt*. Wiebelsheim: Aula.

Jaspers, C. (1979 [1932]). *Die geistige Situation der Zeit.* Berlin: Walter de Gruyter.
Jünger, E. (1981 [1932]). *Der Arbeiter. Herrschaft und Gestalt.* Stuttgart: Klett Cotta.
de La Mettrie, J. O. (2001). *L'Homme machine* (Französisch/Deutsch). Stuttgart: Reclam.
LeBon, G. (1982 [1908]). *Die Psychologie der Massen.* Stuttgart: Kröner.
Mbongo, P., Piccio, C., & Rasle, M. (Hrsg.). (2013). *La liberté de la communication audiovisuelle au début du 21e siècle.* Paris: L'Harmattan.
Miller, D. (2012). *Das Wilde Netzwerk. Ein ethnologischer Blick auf Facebook.* Berlin: Suhrkamp.
Ortega y Gasset, J. (1978 [1929]). *Der Aufstand der Massen.* Gesammelte Werke III. Stuttgart: DVA.
Plehwe, K. (Hrsg.). (2007). *Die Kampagnenmacher.* Berlin: Helios.
Riesman, D. (2001 [1961]). *The Lonely Crowd. A study of the changing American character.* New Haven: Yale University Press.
Roose, J. (2013). Soziale Bewegungen als Basismobilisierung. In R. Speth (Hrsg.), *Grassroots-Campaigning* (S. 141–157). Wiesbaden: Springer VS.
Sattar, M. (7. September 2015). Zurück in die Zukunft. *Frankfurter Allgemeine Zeitung,* 5.
Shannon, C. (1948). A mathematical theory of communication. *Bell System Technical Journal, 27,* 379ff.
Voss, D. (2002). Die Lust unter dem Blick. In M. Krzeminski (Hrsg.), *Professionalität in der Kommunikation. Medienberufe zwischen Auftrag und Autonomie.* Köln: Halem.
Voss, K. (2013). Grassroots-Campaigning im Internet. In R. Speth (Hrsg.), *Grassroots-Campaigning* (S. 183–199). Wiesbaden: Springer VS.

Im Gespräch mit Kampagnenmachern (2)

6

Für Aspekte der dialogorientierten Kampagnenführung wurden zwei Professionals befragt, die sich im Beruf hauptsächlich und an exponierter Stelle mit Social Media befassen. Die zwei Interviewten sind der Konzeptioner Stefan Ulfert und die Social-Media-Managerin Jennifer Webber. Ziel dieser Befragung war es vor allem, charakteristische Unterschiede zwischen analogen und digitalen Medien als Kampagneninstrument aus professioneller Sicht – Agentur und Unternehmen – herauszuarbeiten. Dabei war es besonders hilfreich, dass bei der Betrachtung auch Erfahrungen aus dem nordamerikanischen Raum einflossen.

Während Stefan Ulfert, Kreativdirektor aus Berlin, die konzeptionellen Herausforderungen betont und den medialen Wandel in einem breit angelegten Kontinuum sieht, kommt Jennifer Webber, die ihre Erfahrungen als Social-Media-Managerin in Chicago sammelte, zu eher pragmatischen Schlussfolgerungen. Beide stimmen darüber ein, dass der mediale Wandel grundlegend, irreversibel und disruptiv erfolgt. Tradierte Medien werden auch weiterhin eine Rolle spielen, wenn auch keine dominierende. Das mediale Feld ordnet sich momentan strukturell vollkommen neu. Ein unzweideutiger Befund.[1]

[1] „However, the digital era is changing the way editorial and advertorial is structured.“ (Toogood und Lloyd 2015, S. 99) Eine Beobachtung, die für Werbung und Public Relations ebenso zutrifft wie für Journalismus und Corporate Publishing.

D. Pietzcker, *Kampagnen führen,* DOI 10.1007/978-3-658-07194-3_6

Interview mit Stefan Ulfert[2]**:** *„Die Macht der Digitalisierung stellt alles in Frage“*

Braucht das Web überhaupt integrierte Kommunikation?

Mit dem klassischen Verständnis von integrierter Kommunikation, die kanalunabhängig das Ziel der umfassenden Orchestrierung von Kommunikationsmaßnahmen beschreibt: ja. Ich würde sogar behaupten, dass das Web mit seinem Transparenzpotenzial die Aufgabe der integrierten Kommunikation zur widerspruchsfreien Unternehmenskommunikation deutlich unterstreicht. Beispiele wie #FragNestlé bestätigen das.

Welche Schritte und Maßnahmen müssen ergriffen werden, um medienübergreifend konsistente Botschaften zu entwickeln und zu senden?

Die zurzeit gängigste Antwort lautet: Aus der Haltung der Marke sollen medienadäquate Mechaniken und Herangehensweisen definiert werden, die hinreichend unter dem Verdacht stehen, eine Wirkung auf den Botschaftsadressaten zu haben. Oder anders formuliert: aus dem Markenkern oder der Mission eine konsistente Kommunikationsbotschaft ableiten, um dann die medialen Berührungspunkte derart zu gestalten, dass die Marke relevant bleibt oder auch erst einmal wird. Das geschieht entweder durch Sichtbarkeit, Aufmerksamkeit, Interaktivität, Dialog oder durch botschaftsbezogene digitale wie analoge Inhalte und Services.

Aber die Frage stellt sich: Muss man medienübergreifende Kampagnenbotschaften haben? Das ist eben nicht mehr zwingend.

Ausdifferenzierung oder Nivellierung der Kommunikation – wohin geht der Trend?

Eindeutig zur Ausdifferenzierung. So machte es zum Beispiel Social Media nötig, über die Inhalte der gewünschten Gespräche zwischen Mensch und Marke nachzudenken. Ein Facebook-Kanal mit reinen Image- oder Produktbotschaften ist ein öder Gesprächspartner. Das gleicht einer digitalen Butterfahrt. Der Eigensinn der Medien korrigiert den absoluten Anspruch auf nivellierende Formate wie auch Botschaften. Von Fernsehspots will ich unterhalten werden, damit ich ihnen ihren Unterbrechungscharakter verzeihe, oder von einem Facebook-Post meiner Krankenkasse was über Kopfschmerzen lernen.

Welche Auswirkungen hat der digitale Wandel auf Kampagnenentwicklung und Umsetzung? Gibt es dafür Beispiele?

Heutzutage beginnt die eigentliche Kampagne erst, wo die Media-Buchung aufhört. Klassische Kampagnen sind nur der Stein, der ins Wasser fällt. Die Frage, ob dieser Stein Geräusche macht, wenn keiner hinschaut oder ganz viele, spielte

[2] E-Mail-Befragung am 21. Februar 2015. Stefan Ulfert war lange Zeit Digitalkonzeptioner und Texter in mehreren Agenturen. Er gründete 2015 mit KUNZMANN x ULFERT eine Agentur für digitale Architektur und Strategie.

hier für uns Werber oft nur eine untergeordnete Rolle. Geschaltet ist wahrgenommen werden. So auch die Rechnung der bisherigen Werbewirkungsforschung. Doch eigentlich sind die Wellen heutzutage das Interessante, die Netzwerkeffekte, die eine Kampagne auslöst und vielleicht damit sogar dauerhafte Relevanz für die Marke oder das Produkt hinterlässt. Die eigentliche Kampagne ist das Verhalten auf diesen Wellen, seitens der Adressaten, aber auch seitens Kunde und Agentur. Wie reagieren sie auf Netzwerkeffekte, wie verlängern oder verstärken sie diese gegebenenfalls? – Das ist im eigentlichen Sinne das Herzstück einer zeitgemäßen Kampagne.

Die Macht der Digitalisierung stellt alles in Frage, was Geschäftsmodelle, den Vertrieb, das Marketing und damit auch die kampagnenorientierte Kommunikation angeht. Al Gore sprach in den 1990ern von der berühmt gewordenen Datenautobahn. Um in diesem Bild zu bleiben: Die Eigendynamik des digitalen Mediums betoniert neue Pfade in der Marketinglandschaft, indem es die bisherigen einfach platt macht. „Digitale Transformation" ist das dominierende Schlagwort des Jahrzehnts. Und das natürlich zu Recht. Als Werber betrachte ich diese Entwicklungen optimistisch und freue mich über die Ablösung der alten Werbe-Werte. Verlangen sie doch weitaus bessere Kreation und mehr Einfühlungsvermögen als witzige Bild-Text-Spielerei. Diese Kreation reicht eben vom klassischen Geschichtenerzählen bis hin zur unternehmerischen Mitverantwortung für Innovation und Entwicklung des Kernprodukts oder Services, die dieses unterstützen.

Welche Relevanz haben die Printmedien? Werden sie nach wie vor von Unternehmen präferiert?

Trotz aller Klagen – die Umsätze im Print sind noch da. Auch neue Zeitschriften erblicken das Kiosklicht. (Zeitungen sind ein anderes Thema.) Es gibt aber gute Gründe, warum es Zeitschriften noch gibt. Der entschleunigte Leanback-Modus einer statischen Zeitschrift (auch als ePaper) ist ein Insight, mit dem Printprodukte der faktisch hektischen digitalen Mediennutzung etwas entgegensetzen können. Die Anzeige zum Überblättern ist zudem auch nicht ganz so unbeliebt wie das ungefragte Ausfüllens des Screens durch ein expandierendes Rectangle. Vor allem in Konkurrenz zum Mobile Screen erfährt Print eine Aufwertung. Darüber hinaus zehrt Print immer noch von der Gleichsetzung von Auflage und Aufmerksamkeit für die Anzeigen – ein zwar „erschüttertes Glaubenssystem" (Lukas Kircher), aber dennoch ein nicht ganz verschüttetes. Die Symbiose von Werbung und Inhalt im Print ist eine historisch gewachsene, an der sich auch die nach 1980 geborene Generation selten stört.

Dass werbliche Printformate dem Leser immer noch keine größeren Bauchschmerzen bereiten, sieht man auch daran, dass sich Print heutzutage nicht durch die Abwesenheit von Werbung dem Leser empfehlen muss. Anders als die digitalen Angebote. Hier bildet die deutliche Nicht-Akzeptanz fast aller Werbeformate im Digitalen eine entscheidende Rolle im Geschäftsmodell. Portale wie Spotify, über die Inhalte digital konsumiert werden, ziehen aus der Abwesenheit von Werbung den Trigger für ihr eigentliches Geschäftsmodell.

Welche Rolle und Relevanz haben die digitalen Medien? Welches Potenzial hat mobile Computing?

Auch wenn die Handys immer größer werden, sind die kleinen Displays die größte Herausforderung seit der Etablierung werblicher Massenkommunikation.

Relevanz vor allem durch Inhalte schaffen. Das ist der Imperativ der Stunde. Marken müssen ihre frühere Egozentrik ablegen und sich selbstbewusst über Themen definieren, von denen sie im Kern etwas verstehen. Im Idealfall ist dieses Markenfeld auch ein Feld, das für Menschen außerhalb der Marke eine Relevanz hat. Dann – so die Hoffnung – treffen sich die beiden relevanten Inhalte auf dem Smartphone und es entsteht eine Auseinandersetzung von Mensch mit Marke, daraus eine Bindung und letzten Endes ein Kaufakt.

Wenn man so will, wird die werbliche Kommunikation durch die digitalen Medien, gerade durch das Smartphone, leistungsbasierter und rationaler. Wo früher der Konsument ausschließlich unterhalten werden sollte, wird die Erwartung einer Gegenleistung an die Marke durch den Kunden immer höher. Die Kreativen müssen für all ihre Produkte plausible Antworten geben: Warum soll ich mir die Microsite dieser Marke anschauen? Warum soll ich auf „Gefällt mir" klicken? Warum hier ein Bild hochladen?

Spiegelt sich der mediale Wandel auch in einer höheren Relevanz von Kommunikation wider?

Gut gemachte Kommunikation hat eine höhere Relevanz. Die Konsumenten sind kritischer, insbesondere was Leistung und Wert der Produkte angeht. Und damit auch die Story des Produkts. Diese rückt auf der Suche nach überzeugender Kommunikation stärker in den Mittelpunkt. Denn das bloße Behaupten von Markenbotschaften ist passé. Die Differenzsuche zwischen Fakt und werblicher Fiktion wird zum Mittelpunkt der Diskussion in den sozialen Medien und dekonstruiert oberflächliche Kommunikation.

Welche Rolle spielen Bilder (Key Visuals) bei der Vermittlung von Botschaften? Ist diese Rolle in den letzten Jahren größer geworden?

Jedes Start-up weiß: Ohne Bild vom Smartphone auf dem Holztisch, der Tasse Barista-Kaffee und dem aufgeschlagenen Skizzenbuch braucht man erst gar nicht anfangen, die Landing Page für die neue Ideen-Verwaltungs-App live zu stellen. Einprägsame, charakterisierende Bilder sind nach wie vor ein wichtiges Stilmittel. Und das ist vollkommen in Ordnung. Bilder sind eben schneller. Und bevor wir uns den Text einer Produkt-Website oder eines Werbepostings durchlesen, gehen wir auch danach, ob uns das Bild gefällt. Die Rolle des Fotos – sei es als Thumbnail in der Facebook Ad oder als Vorschaubild für das Concept Video der App –kann über Erfolg und Misserfolg der Maßnahme entscheiden. Der in den 1990er Jahren proklamierte visual turn zog dann auch mit den bildsüchtigen sozialen Medien ihn den persönlichen Alltag abseits des Konsums klassischer Massenmedien.

Interview mit Jennifer Webber[3]: *„Produktwerbung gehört nicht auf die sozialen Kanäle"*

Was ist – in Ihren eigenen Worten – integrierte Kommunikation? Welche Rolle spielen dabei interaktive Medien?

Integrierte Kommunikation beschreibt den koordinierten, nebeneinander stattfindenden Ablauf von Kommunikationsmaßnahmen auf verschiedenen Kanälen. Die Maßnahmen sind aufeinander abgestimmt und senden die gleichen Inhalte. Ziel ist es, Botschaften zu senden, die ein einheitliches Bild eines Unternehmens bzw. einer Marke vermitteln und beim Konsumenten als stimmiges Ganzes aufgenommen werden. Dabei stehen nicht nur die Botschaften an sich im Mittelpunkt, sondern auch einheitliche Designs und Gestaltungen der visuellen Elemente der Kommunikation im Vordergrund. Durch die gleichzeitige Aktivierung verschiedener Kanäle soll der Empfänger aber auf keinen Fall „zugespamt" werden, sondern so mit der Marke in Kontakt kommen, dass er diese ohne große Mühe anhand von kleinsten Kontaktpunkten wie einer Melodie oder einem Key Visual wiedererkennen kann.

Interaktive Medien spielen dabei eine immer größer werdende Rolle. Wo noch vor einiger Zeit eine Printanzeige parallel mit einem Radiobeitrag geschaltet wurde und als integrierte Kommunikation eingesetzt wurde, gibt es nun zahlreiche soziale Medien, die mehrfach täglich durch Posts gefüllt werden, interaktive Werbeanzeigen, die bei Google zielgruppengerecht geschaltet werden, Webseiten-Banner, die auf Wettbewerbsseiten erscheinen, und kurze Werbespots bei YouTube. Bei integrierter Kommunikation im digitalen Zeitalter geht es also um Kommunikationsmaßnahmen, die formal und inhaltlich aufeinander abgestimmt sowie durch digitale Elemente miteinander vernetzt sind und gleichzeitig ausgestrahlt werden.

Worin unterscheiden sich Social-Media-Kampagnen von klassischen Print- und TV-Kampagnen?

Social-Media-Kampagnen laufen in Echtzeit ab und sind somit dynamischer und schneller als klassische Kampagnen. Sie erlauben eine direkte Interaktion mit dem Konsumenten, bei der es um „Reden und Zuhören" geht. Social-Media-Kampagnen erlauben direktes Feedback und Bewertungen, es ist also nicht mehr „one-to-many" wie bei klassischen Kampagnen, sondern „many-to-many".

Zu beachten ist, dass Social-Media-Kampagnen und ihre Inhalte für die Zielgruppe relevant sind. Produktwerbung gehört nicht auf die sozialen Kanäle, die

[3] E-Mail-Befragung am 1. September 2015. Jennifer Webber ist Absolventin der Macromedia University of Applied Science in Hamburg und arbeitete als Social-Media-Managerin bei Tretrapak DeLaval in Chicago.

Zielgruppe geht direkt auf die Homepage des Unternehmens, wenn sie nach Produktinformationen sucht. Es geht vielmehr um den Transport von Geschichten. Darum, dem Unternehmen ein Gesicht zu geben und es nach außen menschlicher zu gestalten. Dinge zu zeigen und zu erzählen, die man sonst nicht vom Unternehmen erfahren hätte. Die User der sozialen Medien wollen unterhalten werden, deshalb ist es wichtig, Erlebnisse zu schaffen und eine Beziehung zu den Konsumenten herzustellen, um am Ende durch Word-of-Mouth die Bekanntheit des Unternehmens oder Produktes massiv zu steigern. Kampagnen müssen daher spontan, flexibel, unterhaltend und veränderbar sein. Denn so sind auch die Konsumenten. Man muss wissen, was gerade Trend ist, was interessiert, und genau das muss dann eben gesendet werden. Das Unternehmen sollte dabei in den Hintergrund treten. Eine Social-Media-Kampagne ist kein Sales Pitch, sondern die Möglichkeit, den Konsumenten zu verstehen, kennenzulernen und eine Beziehung zu ihm aufzubauen, welche die langfristige Kundenbindung sichert.

Glauben Sie, dass das Thema Datenschutz und Datenmissbrauch die Expansion der webbasierten Kommunikation bremsen wird?

Wenn es um die Sicherheit unserer Daten im Internet geht, scheint es, als würde die Gesetzgebung und Sicherheitspolitik dem technischen Wandel hinterherlaufen. Konsumenten fragen sich, warum Staat und Unternehmen keine sichere server- und webbasierte Kommunikation ermöglichen können. Viele Konsumenten aber hinterfragen die Datensicherheit nicht mehr, sie setzen bereits voraus, dass ihre privaten Daten geschützt werden. Facebook, WhatsApp oder auch Google Plus Usern ist jedoch auch bekannt, dass ihre Daten gespeichert und durch Dritte verwendet werden, das ist ihnen zwar nicht unbedingt recht, sie wollen aber nicht auf bekannte Webservices verzichten und ignorieren es häufig.

In Zukunft wird aber immer stärker erwartet, dass die digitale Gesellschaft sicher gestaltet wird. Denn dann sind stark personalisierte Angebote, die genau den Wünschen und oft auch dem Geldbeutel des Konsumenten entsprechen, kein Eingriff in die Persönlichkeit mehr, sondern vielmehr eine gern gesehene personalisierte Anzeige im Web, welche die irrelevanten Werbungen heutzutage verdrängt.

Welche Auswirkungen hat der digitale Wandel auf Kampagnenentwicklung und Umsetzung? Gibt es dafür Beispiele?

Die Kampagnenentwicklung hat sich durch den digitalen Wandel radikal verändert. Schnelle und sich ständig verändernde digitale Kampagnen, die durch eine permanente Interaktion mit den Konsumenten gesteuert und angepasst werden können, sind die Folge. Die Zeiten der Überflutung mit Werbebotschaften sind vorbei; bei der digitalen Kampagnenentwicklung geht es um konkrete Botschaften, die dank intensiver Marktforschung und Analysen genau auf die vorher definierte Zielgruppe zugeschnitten sind. Eine Leitidee wird dafür zuvor genauestens geplant und alle Kommunikationsmaßnahmen integriert auf allen relevanten digitalen Kanälen geschaltet.

Der digitale Wandel hat eine neue Realität geschaffen, bei der soziale Medien und ihre Flexibilität neue Möglichkeiten schaffen, Consumer Insights zu nutzen, um neue Impulse, Innovationen und kreative Ausdrucksformen zu gestalten, welche die neue digitale Gesellschaft begeistern.

Welche Bedeutung haben noch die Printmedien?

Lange Zeit waren Printmedien die einzige Möglichkeit von Unternehmen, Informationen an Konsumenten zu kommunizieren. Durch das digitale Zeitalter und die ständige Vernetzung der Konsumenten hat sich dies aber drastisch verändert und die Auswahl der Medien extrem vergrößert. Heutzutage wird die Wahl der Medien nicht mehr durch Unternehmen bestimmt, sondern durch die Nutzung der jeweilig relevanten Zielgruppe.

Printmedien sind aber keinesfalls ausgestorben. Neuartige und vor allem personalisierte Printbeileger zum Beispiel werden oft von Unternehmen genutzt und als nachhaltig und effektiv empfunden. Gerade in lokalen und Nischenmärkten ist der Trend zu Print immer noch erkennbar, denn hier kann eine klar definierte Zielgruppe gezielt angesprochen werden. Die hohen Kosten der Printmedien sind aber oft ein Grund für Unternehmen, sich hin zu digitalen Medien zu bewegen, obwohl gerade die Erfolgsmessung der digitalen Medien besonders schwierig ist.

Entscheidungsgrundlage der Kommunikationskanäle sollten die von der Zielgruppe genutzten Kanäle sein. Und diese unterscheiden sich zwischen Unternehmen und den jeweiligen Industrien drastisch. Gerade wenn es um besonders wichtige Botschaften geht, die als Pressemitteilung veröffentlicht werden, ist Print immer noch das bessere Format im Vergleich zu einem lustigen Mitarbeitervideo auf einem sozialen Medium. Printmedien sind auch heute noch besonders gut geeignet, um Markenwerte zu transportieren, während digitale Medien Kundenbeziehungen aufbauen und Kundenbindungen stärken können.

Heutzutage ist eine Kombination von Print- und digitalen Medien am beliebtesten, und beide Formate werden eng miteinander vernetzt eingesetzt. Die Menge an Printmedien wird aber in Zukunft weiter abnehmen, und der Trend zu neuen kreativen und innovativen digitalen Medien, die zielgruppengenau zugeschnitten sind, wird sich verstärken.

Welches Potenzial hat Ihrer Einschätzung nach mobile computing, z. B. die Integration von Apps in die Kommunikation?

Konsumenten erwarten heutzutage die gleiche Leichtigkeit bei der Nutzung von mobilen Formaten wie bei der Nutzung von Desktopformaten. Das Smartphone ist der ständige Begleiter der Konsumenten, und es wird vorausgesetzt, dass Inhalte mobil zur Verfügung stehen. Wer als Unternehmen den Anschluss verpasst,

Inhalte mobil zu optimieren, wird hier als irrelevant abgestempelt und kann schnell Kunden verlieren.

Bisher gibt es schon eine Vielzahl von Kommunikationsapps, die Nutzern zur Verfügung stehen. E-Mail-Dienste, Docs (Excel, Word, PowerPoint), aktuelle Nachrichten und die sozialen Netzwerke sind hierbei nur einige beliebte Beispiele. Die Möglichkeit, alle wichtigen Inhalte an einem Ort, nämlich dem mobilen Endgerät, zu speichern, ist nicht nur schnell, sondern auch bequem, und das liebt der Konsument, in einer Gesellschaft, in der Effizienz und Zeitmanagement eine wichtige Rolle spielen. Für Unternehmen bedeutet das, dass Nutzer alle Informationen über ein Produkt von unterwegs zu jeder Zeit abrufen können. Dabei bleibt die Entscheidung bei den Unternehmen, welche Inhalte sie den Nutzern zu Verfügung stellen wollen. Eine App, die keinen Nutzen für den User hat, kann man sich sparen.

Sehen Sie aus Ihrer Erfahrung ein Kommunikationsgefälle zwischen Metropolen, urbanen Räumen und ländlich geprägten Regionen? Oder anders gefragt: Ist das Netz in den Metropolen engmaschiger geknüpft?

Metropolen sind kommunikativer und stärker an Netzwerken interessiert, da überrascht es nicht, dass diese auch besser gepflegt werden als in ländlichen Gebieten. Das funktioniert wegen der Größe dieser Netzwerke oft nur über die Nutzung von digitalen Medien und sozialen Netzwerken. Insgesamt sind die Massenmedien in den Metropolen stärker ausgeprägt als auf dem Land, hier sind mehr Medien vorhanden und auch nutzbar, die Verbraucherzahl ist größer. Die Wahl der Medien ist zudem stark durch äußere Einflüsse, wie Alltag und sozialen Kontext, beeinflusst. Klassische Printkampagnen haben auf ländlicher Ebene einen großen Einfluss, während in den Metropolen vor allem die sozialen Medien als Kommunikationsmittel von Unternehmen genutzt werden. Erkennbar geht der Trend zu einem sozial verknüpften Netz von Metropolen und urbanen Räumen, denn die neuen Generationen setzen auf digitale Konnektivität und machen keinen Unterschied zwischen räumlichen Trennungen mehr.

Welche Rolle spielen Bilder (Key Visuals) bei der Vermittlung von Botschaften? Ist diese Rolle in den letzten Jahren größer geworden?

Key Visuals wie Kampagnenmotive, Schlüsselbilder von Marken und Unternehmen, aber auch Leitmotive sind in den letzten Jahren zu festen Bestandteilen der Kommunikation geworden. Für eine aufmerksamkeitsstarke und unverwechselbare Positionierung sind diese nicht mehr wegzudenken. Das Beck's-Segelschiff, die Milka-Kuh und der Schwäbisch-Hall-Fuchs sind dabei „alteingesessene" Beispiele, welche die langjährige Wichtigkeit von Key Visuals betonen.

Key Visuals können eine Marke mit nur diesem einen Bild in das Gedächtnis der Konsumenten rufen. Die Ansprache von Emotionen und die Vermittlung einer einheitlichen Botschaft stehen dabei im Fokus. Die Visuals müssen relevant, nicht zu komplex, leicht verständlich und dabei prägnant sein. Key Visuals reichen aber nicht allein, um als Spiegelbild einer Marke zu fungieren. Kernaussagen und die Konzeption von sprachlichen Elementen gehören dazu, um sicherzugehen, dass Inhalte verstanden werden und im Gedächtnis der Konsumenten bleiben.

Ist „Storytelling" ein Thema? Wenn ja, wie wird dieser Kommunikationstrend umgesetzt?

Mit (Bild-)Sprache Geschichten erzählen, die spannend und emotional sind und mit denen sich die Zielgruppe identifizieren kann – das ist der Schlüssel zur Kommunikation. Es geht darum, Geschichten zu erzählen, die selbst profane Produkte emotional wirken lassen. Ziel ist es, die Aufmerksamkeit der Kunden zu erregen, diese zum Mitdenken zu bewegen und eine langfristige Kundenbindung herzustellen. Besonders in den sozialen Medien ist der Trend des Storytellings zu erkennen. Marken nehmen sich hier nicht mehr ganz so ernst, sind emotional und machen auch gerne mal einen Spaß auf eigene Kosten, denn das bewegt, provoziert und interessiert am Ende die Kunden. Die Marken rücken dabei in den Hintergrund und erzählen Geschichten, die zwar die Identität der Marke transportieren, jedoch die Marke an sich zurückstellen. Wichtig ist es, die Emotionen der Zuhörer anzusprechen: „When we care, we share." Unternehmen dürfen sich nicht auf die Funktionalität ihres Produktes verlassen, sondern müssen sich auf die Vermittlung von Gefühlen fokussieren, die bewegen und weitererzählt werden.

Visual Storytelling, also das Erzählen von Geschichten durch den Einsatz von Bildsprache, ist dabei die neue und kreative Möglichkeit, durch einfachste Mittel Markenbotschaften zu transportieren und Unternehmen in der Erinnerung der Konsumenten zu platzieren. Die visuellen Stories müssen dabei wie ihr klassisches Ebenbild einfach sein und so anschaulich wie möglich gestaltet werden. Symbole, Fotos, Illustrationen. Nur nichts Kompliziertes!

Storytelling kann offline und online stattfinden und ist abhängig von der jeweiligen Zielgruppe der Botschaften. Soziale Netzwerke, Blogs, aber auch Mailings und Kundenmagazine eignen sich dabei besonders gut, um gute Geschichten in den Köpfen der Kunden zu verankern.

Literatur

Toogood, L., & Lloyd, J. (2015). *Journalism and PR. News media and public relations in the digital age*. London: Tauris.

7 Wege in die Praxis

Beispiele, Analysen und Gesetzmäßigkeiten von öffentlichkeitswirksamen Kampagnen

Im Folgenden werden anhand von einigen ausführlich dargelegten Praxisbeispielen Methoden und Möglichkeiten der dialogorientierten Kampagnenführung vorgestellt. Dabei handelt es sich um Kampagnen aus dem Zeitraum von 2007 bis 2015. Es soll ein möglichst breites Spektrum abgedeckt werden. Absender der unterschiedlichen Kampagnen sind Wirtschaftsunternehmen, Verbände, Organisationen und Institutionen in Deutschland und Europa. Die Kampagnen richten sich an unterschiedliche Zielgruppen und Bevölkerungsschichten: junge Menschen, Stakeholder, Entscheidungsträger, oftmals – wie das Beispiel von Kampagnen für die Europäische Union zeigt – über Sprach- und Kulturgrenzen hinweg.

Alle angeführten Beispiele sind multimedial angelegt, das heißt, sie vermitteln ihre wesentlichen Inhalte über mediale Unterschiede und Barrieren hinweg. Konsistenz in Wort und Bild sind dabei wesentlich. Die medialen Kombinationsmöglichkeiten sind vielfältig: Plakat und Event, Roadshow, Printmaterialien und Internet, Anzeigen und dreidimensionale Installationen. Entscheidend für die mediale Mischung ist das Rezeptionsverhalten der Zielgruppen.

Es zeigt sich, dass monothematische Kampagnen durchaus medienübergreifend angelegt werden können. Die Botschaft wird eben nicht als redundant erlebt, sondern erhöht durch Wiedererkennbarkeit ihre Wirkung. Von entscheidender Wichtigkeit, dieser Befund wird auch in den Interviews bestätigt, ist die Rolle rein visueller Signale. „Key Visuals" transportieren auch nonverbal komplexe Inhalte, die durch die Kampagne selbst in einen konkreten Bedeutungszusammenhang gestellt werden. Bildsprachliche Symbole haben zudem den Vorteil, kulturübergreifend verstanden zu werden, und setzen keine elaborierten Sprachkenntnisse voraus. Ziele der Massenkommunikation werden über Bildreize sicher erreicht.

Keineswegs sind die gewählten Beispiele als Blaupause für erfolgreiches Kampagnenmanagement zu verstehen. Vielmehr dienen sie der Veranschaulichung

D. Pietzcker, *Kampagnen führen,* DOI 10.1007/978-3-658-07194-3_7

gangbarer Wege der unmittelbaren Vergangenheit und wollen nicht mehr sein als Orientierungspunkte im Umgang mit professioneller Kommunikation.

Kampagnenbeispiel 1: Senat von Berlin („Be Berlin") – „the place to be"

Städte, Länder und Regionen stehen in vielfacher Hinsicht im Wettbewerb zueinander. Dabei geht es weniger um Lokalpatriotismus als um die überzeugende Darstellung von echten Standortvorteilen und Differenzierungsmerkmalen. Oftmals richten sich diese Image- und Standortkampagnen daher an Menschen – Touristen, Investoren, Arbeitnehmer, Studierende – außerhalb der beworbenen Region. Umso wichtiger, für die eigene Region, den eigenen Standort möglichst glaubwürdig und überzeugend zu werben. Metropolregionen wie zum Beispiel Berlin stehen dabei nicht nur im nationalen Wettbewerb mit anderen deutschen Großstädten, sondern messen sich im internationalen Maßstab. Innerhalb Europas gilt Berlin als junge, bunte, phantasievolle Stadt, die jedem Einzelnen Entfaltungs- und Freiheitsräume zugesteht. Der Ausspruch des ehemals Regierenden Bürgermeisters Klaus Wowereit, Berlin sei „arm, aber sexy" ist längst zum geflügelten Wort geworden.

Kampagnen können durchaus eine aktive Rolle beim Standortmarketing spielen, wie das Beispiel der Imagekampagne für Berlin zeigt. Charakteristisch für die Kampagne sind die konsequente Verwendung von prominenten Testimonials, das visuelle Schlüsselelement der roten Sprechblase sowie die Headline „the place to be" in bewusster Anglisierung.

Die Kampagne wirbt für ein tolerantes und kosmopolitisches Berlin, in dem Kreativwirtschaft und Kultur bedeutende ökonomische Faktoren darstellen: zweifellos ein zutreffender Befund. Die ausgewählten Testimonials strahlen Weltläufigkeit und eine gewisse Lässigkeit in Stil und Habitus aus. Auch dies sind Eigenschaften, die nicht von ungefähr mit der deutschen Hauptstadt assoziiert werden.

Die beiden ausgewählten Motive wurden als Plakate gelayoutet (vgl. Abb. 7.1 und 7.2). Flankiert wird die Kampagne zudem durch Präsenz im öffentlichen Personennahverkehr, durch den obligatorischen Internetauftritt sowie durch eine Installation der roten Sprechblase im Stadtbild.

Kampagnenbeispiel 2: Bundespresseamt: „Innovationsförderung", „60 Jahre Israel" und „Regieren kapieren"

Institutionelle Kampagnen, als deren Absender oftmals Einrichtungen des Staates (Bund, Länder, Kommunen) fungieren, richten sich ebenso wie konsumorientierte

Abb. 7.1 Wladimir Kaminer als prominentes Testimonial für die Standortkampagne des Senats von Berlin, fotografiert vor dem Berliner Dom. (Quelle: WE DO und Avenhaus 2014)

Werbemaßnahmen im Regelfall an eine breite Öffentlichkeit. Allerdings ist ihre Motivation eine andere. Während in der Werbung ökonomische Interessen („Buy me!") unbedingt vorherrschen, folgen institutionelle Absender einer anderen Kommunikationslogik. Diese Logik lässt sich am besten als *konsensual* umschreiben. Nicht Polarisation oder Ausdifferenzierung ist das Ziel, im Gegenteil. Institutionelle Kommunikation gibt Impulse zur gesellschaftlichen Bewusstseinsschärfung, deren Anliegen im Kern aus der Wertevermittlung demokratischen Grundüberzeugungen besteht. Institutionelle Kommunikation folgt komplexen Gesellschafts- und Wirtschaftsvorstellungen, die in Kampagnen zwar verkürzt und vereinfacht, dafür greifbar und konkret dargestellt werden. Konsensstiftung und Überzeugungsarbeit sind hier die zentralen Treiber. In einer avancierten Industriegesellschaft gehören zu diesem Programm auch Offensiven zur Förderung von Wirtschaft und Innovation. Dahinter liegt implizit das meritokratische Modell der Anerkennung von Leistung und Engagement, sicherlich einer der Grundpfeiler der sozialen Marktwirtschaft.[1]

[1] Vgl. hierzu jedoch die kritische Studie von Hartmann (2002).

Abb. 7.2 Auch die Schauspielerin Maren Kroymann wirbt für ein offenes, freies und authentisches Lebensgefühl, für welches Berlin steht. (Quelle: WE DO und Avenhaus 2014)

Vor diesem Hintergrund ist auch die Informationskampagne „Wissen schafft Wohlstand" der Bundesregierung von 2010 zu betrachten. Zielgruppe waren mobile Entscheider in ganz Deutschland. Entsprechend wurde die Kampagne an fünf ausgewählten Flughäfen in Deutschland platziert (vgl. Abb. 7.3). Zu den Ambient-Maßnahmen gehörten auch Deckenhänger im Check-in-Bereich der Flughäfen (vgl. Abb. 7.4). Ein Podcast auf der Website der Bundesregierung verlieh der Kampagne zusätzlich digitales Momentum (siehe Abb. 7.5).

Ein weiteres Beispiel bildet die Anzeigenserie der Bundesregierung anlässlich des 60. Jahrestages der Staatsgründung Israels. Die Beziehungen zwischen beiden Staaten sind historisch und politisch außerordentlich sensibel. Umso wichtiger war es, in Text und Bild eine angemessene Darstellungsweise zu finden, die in Form und Inhalt keinerlei Zweifel und keinerlei Irritationen zulässt. Um die herausgehobene Bedeutung der Staatsbeziehungen zwischen Deutschland und Israel zu unterstreichen, trägt die Kampagne die faksimilierte Unterschrift der Bundeskanzlerin (vgl. Abb. 7.6). Begleitet wurde das Jubiläum durch bilaterale Initiativen wie zum Beispiel die Verleihung des deutsch-israelischen Filmpreises.

Abb. 7.3 Plakatkampagne 2010 an fünf deutschen Flughäfen. (Quelle: Bundespresseamt 2010)

Abb. 7.4 Deckenhänger an Flughäfen – textlich angepasst an das Umfeld

Ein drittes Beispiel institutioneller Kommunikation ist die Informationsinitiative „Regieren kapieren" des Bundespresseamtes (vgl. Abb. 7.7). Ziel der Maßnahme war es, das Interesse von Kindern und Jugendlichen für politische und administrative Entscheidungswege zu wecken. Sicherlich gestaltet sich

Abb. 7.5 Digitale Flankierung der Kampagne über den Podcast der Bundeskanzlerin. (Quelle: Bundespresseamt 2010)

diese Aufgabe im Einzelnen schwierig. Klar ist aber auch, dass der demokratische Grundkonsens nur dann funktioniert, wenn die entsprechende Wertevermittlung möglichst frühzeitig durch kommunikative Impulse angeregt wird.

Institutionelle Kommunikation ist in ihren Zielen durchaus langfristig angelegt. Es geht ihr um die Förderung eines politischen Grundkonsenses, ohne den ein demokratisches System nicht überlebensfähig ist. Mit dieser Intention

Abb. 7.6 Für die textliche und grafische Gestaltung der offiziellen Anzeige der deutschen Bundesregierung zum 60ten Jahrestag der Staatsgründung Israels waren visuelle Balance, angemessene Wortwahl und sprachlicher Ausdruck von besonderer Bedeutung

unterscheiden sich institutionelle Kampagnen von klassischen Werbekampagnen, die zwar auch mit kollektiv darstellbaren Werten und Wertmustern operieren, man denke etwa an das werblich tradierte Bild der Familie oder der Geschlechterrollen, dabei aber immer und ausschließlich konsumorientiert bleiben.

Kampagnenbeispiel 3: Zentralverband Sanitär Heizung Klima – „Water is Life"

Der Zentralverband Sanitär Heizung Klima repräsentiert eine mittelständisch geprägte Branche. Die Ressource Wasser spielt für die Sanitärhandwerksbetriebe eine zentrale Rolle. Was liegt also näher, als genau diese Ressource in den Mittelpunkt einer CSR-Kampagne zu stellen? Doch statt der üblichen Maßnahmen wie Mailings, Anzeigen und Events wurde ein wesentlich nachhaltigerer Kommunikationsweg gewählt. Die Idee des Berliner Kunstprofessors Heinz-Jürgen Kristahn, einen internationalen Plakatwettbewerb zum Thema „Wasser ist Leben" auszurufen, wurde vom Verband aufgegriffen und organisatorisch unterstützt.

Mit Einsendungen aus über 60 Ländern, der Auswahl der 100 besten Entwürfe durch eine ebenfalls international besetzte Jury, einer Ausstellung im Foyer des Bundespresseamtes sowie abschließend der Produktion eines Katalogs wurden vielfältige Kommunikationsanlässe geschaffen, sich mit dem Thema Wasser auf Verbandsebene, aber eben auch in einem ökologischen Sinne

Abb. 7.7 Ansprache der jugendlichen Zielgruppe für politische Themen ist besonders schwierig. Hier ist der Lösungsansatz in erster Linie visuell durch die Verwendung eines an die Bildsprache der Comics angelehnten grafischen Stil. (Quelle: Bundespresseamt 2009)

Abb. 7.8 Einsendung 1 aus Europa und China für den internationalen Plakatwettbewerb „Water is Life". (Quelle: Prof. Heinz-Jürgen Kristahn und ZVHSK 2013)

auseinanderzusetzen. Die Nähe zur Politik wurde dabei bewusst gesucht (siehe Abb. 7.8, 7.9 und 7.10).

Die technische und organisatorische Abwicklung des Wettbewerbs erfolgte hauptsächlich online. Die Vernissage hingegen, die mehrwöchige Ausstellung sowie die Preisverleihung stellten Erlebnisse in der Wirklichkeit dar. Genau diese Kombination aus webbasierter Kommunikation und Live-Erlebnis macht „Water is Life" zu einer zeitgemäßen Kampagnenform zwischen analogen und digitalen Kommunikationsformen. Das Potenzial der Kampagne wurde durch weitere Ausstellungen, u. a. in Frankfurt, Budapest und Johannesburg, maximal ausgeschöpft.

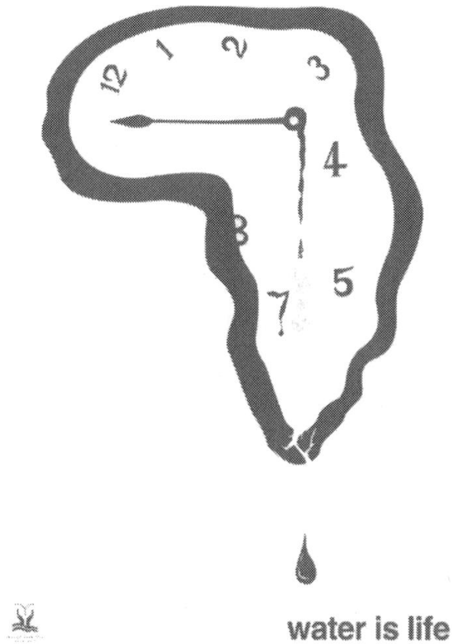

Abb. 7.9 Einsendung 2 aus Europa und China für den internationalen Plakatwettbewerbs „Water is Life“. (Quelle: Prof. Heinz-Jürgen Kristahn und ZVHSK 2013)

Abb. 7.10 Einsendung 3 aus Europa und China für den internationalen Plakatwettbewerbs „Water is Life“. (Quelle: Prof. Heinz-Jürgen Kristahn und ZVHSK 2013)

Kampagnenbeispiel 4: Europäische Kommission „For diversity – against discrimination“

Der kontinuierliche Dialog mit den Bürgern ist wesentlicher Bestandteil des europäischen Einigungs- und Erweiterungsprozesses, wenn auch zugegebenermaßen nur unvollkommen. Der spürbar abnehmenden Akzeptanz begegnet die Europäische Union mit verstärkten Kommunikationsanstrengungen, die vor allem

Werte und Vorteile der Gemeinschaft in den Vordergrund stellen. Hierzu gehört an zentraler Stelle die Einhaltung der Menschenrechte. Diskriminierung wird sanktioniert. Kein Bürger in Europa darf aufgrund seiner Hautfarbe, seiner Herkunft, seines Alters und Geschlechts, seiner sexuellen Orientierung sowie körperlicher oder geistiger Handikaps benachteiligt werden. Aber wie lässt sich dieser komplexe menschenrechtliche und mithin auch juristische Sachverhalt auf fassbare Weise kommunizieren? Mit welchen allgemeinverständlichen Worten soll er zum Ausdruck gebracht werden – grenzüberschreitend in den Ländern der Europäischen Union?

Der Lösungsansatz der Kampagne 2007 war eine Kombination aus paneuropäischer Roadshow, persönlichem Erlebnis, digitaler Kommunikation und Ankündigungsmarketing. Ziel dieses integrierten Kommunikationsansatzes war es, die Kernbotschaft plausibel darzustellen und vor allem die Zielgruppe der

Abb. 7.11 Start der European Truck Tour „For diversity – against discrimination" 2007 in Brüssel an der Place Schuman. (Quelle: Europäische Kommission und DG Comm 2008)

jungen Bürgerinnen und Bürger in den Hauptstädten zu erreichen. Während der gelbe Antidiskriminierungs-Truck durch die Metropolen des Kontinents tourte (vgl. Abb. 7.11), konnte sich Interessierte online bereits über den nächsten Zwischenstopp informieren. Als Schlüsselbegriff der Kampagne wurde der Begriff „Respect" gewählt, der in dieser oder ähnlicher Schreibweise in allen europäischen Landessprachen verstanden wird. Damit war zumindest semantisch eindeutig geklärt, worum es bei der Antidiskriminierungskampagne im Kern ging: um gegenseitige Rücksichtnahme, Anerkennung und Wertschätzung, um Miteinander statt Isolation.

Entsprechend wurde die Kampagne durch Konzerte und Gemeinschaftsaktionen flankiert.

Mit der Kombination aus Live-Kommunikation, Mobilität, Online-Marketing und interaktiven Elementen vor Ort konnte die Kampagne ihre einheitliche Kernaussage auf vielfältigen Kanälen ausstrahlen. Das komplexe Programm der Antidiskriminierung wurde semantisch bewusst auf den wesentlichen Begriff „Respect" reduziert, um dadurch an Klarheit, Einfachheit und kommunikativer Durchschlagskraft zu gewinnen. Über ein Jahr war der Antidiskriminierungs-Truck der EU in ganz Europa unterwegs.

Kampagnenbeispiel 5: European Spallation Source ESS

Die European Spallation Source ESS in Schweden gehört zu einem großen europäischen Forschungsvorhaben. Hier entsteht eine physikalische Messanlage, deren Größe und Bedeutung für die Grundlagenforschung nur noch mit der des CERN in Genf vergleichbar ist. Das Projekt wird aus Fördermitteln von über 16 EU-Staaten finanziert, auch das Bundesministerium für Bildung und Forschung ist beteiligt. Anders als etwa bei den Großbaustellen des Berliner Flughafens oder der Elbphilharmonie verläuft der Bauprozess bislang ohne Skandale, ohne Überdehnungen des Budgets und ohne nennenswerte Verzögerungen.

Die Kommunikation der im Bau befindlichen Forschungsanlage richtet sich in erster Linie an politische Entscheidungsträger, Wissenschaftler sowie an die unmittelbaren Anrainer der Anlage. Die Herausforderung besteht also darin, einen definierten Kreis der europäischen Funktionselite ebenso zu erreichen wie die Bevölkerung in einem engen Radius. Auch die über 300 Mitarbeiter aus ganz Europa gehören zur Zielgruppe.

Auf der ausführlichen Webseite (https://europeanspallationsource.se) informiert die ESS insbesondere über regelmäßige Veranstaltungen ihre Stakeholder und hält sie über die Baufortschritte auf dem Laufenden. Dazu gehörten auch die Festlichkeiten zur Grundsteinlegung in Lund in Anwesenheit von

Abb. 7.12 Offizielle Großveranstaltung anlässlich Grundsteinlegung in Lund am 9. Oktober 2014. Mitarbeiter und geladene Gäste aus Politik, Wissenschaft und Wirtschaft. (Quelle: ESS und Ute Gunsenheimer 2014)

Abb. 7.13 Kommunikation durch Symbole. Der Grundstein besteht aus 16 Elementen – exakt die Anzahl der partizipierenden EU-Staaten. (Quelle: ESS und Ute Gunsenheimer 2014)

regionalen, nationalen und europäischen Wissenschafts- und Politikvertretern (siehe Abb. 7.12 und 7.13). Kollektive Symbolakte und Erlebniskommunikation wurden bewusst als tragende Säulen der Außenwirkung gewählt. Schon in der Bauphase soll das Forschungszentrum konkret erlebbar sein.

Anhand dieses Beispiels zeigt sich, dass Events als kommunikative Höhepunkte durchaus geeignet sind, Reputation und Image eines Projektes in die gewünschte Richtung zu lenken. Auch Events sind integraler Bestandteil des Kampagnenmanagements.

Literatur

Hartmann, M. (2002). *Der Mythos von den Leistungseliten*. Frankfurt a. M.: Campus.

Im Gespräch mit Kampagnenmachern (3) 8

In einer dritten und letzten Gesprächsserie wurde der Dialog mit Kommunikationsmanagerinnen, Kreativdirektoren, Gestaltern und Dozenten aus Berlin, Düsseldorf, St. Petersburg und Lund geführt. Die Branchen waren benachbart: Werbung und Public Relations, institutionelle und Verbandskommunikation.

In dieser Fragerunde wurde unmittelbar deutlich, dass der mediale Wandel die Grenzen der kommunikativen Einzeldisziplinen längst weggespült, gewissermaßen verflüssigt, hat. Der soziologische Befund von Zygmunt Bauman (2003), dass sich die avancierten Zivilgesellschaften des Westens in einem Prozess der Verflüchtigung und – eben – der Verflüssigung[1] befänden, stößt, zumindest, was die Kommunikationsbranche betrifft, auf keinerlei Widerspruch. Kampagnen und Kampagnenmanagement sind, zumal, wenn sie integriert gedacht werden, längst grenzüberschreitend.

Meinungsfreudig und pointiert wird die Bedeutung visueller Kommunikationsmuster herausgestellt. Botschaften und selbst komplexe Bedeutungsinhalte können zweifellos auch als Bilder, also nonverbal, transportiert werden, ohne dabei an präziser Erfassbarkeit zu verlieren. Heinz-Jürgen Kristahn, emeritierter Professor an der Universität der Künste in Berlin, betont diesen Aspekt der Bildkommunikation ganz besonders. Der Düsseldorfer Kommunikationsexperte Wolfgang Kreuter geht ausführlich auf die Themen integrierte Kampagnenführung, Digitalisierung und Visualisierung ein. Die Berliner Kreativdirektorin und Designerin Inga Meyer wirft einen ästhetisch geschulten Blick auf das Themenfeld der Kampagnenfüh-

[1] In den beredten und vermutlich zutreffenden Zeitdiagnosen von Zygmunt Bauman, v. a. „Flüchtige Moderne" und „Leben als Konsum", taucht der Terminus Verflüssigung *(liquidization)* in den unterschiedlichsten sozialen, persönlichen und ästhetischen Zusammenhängen, jedoch stets als Verfallssymptom auf.

D. Pietzcker, *Kampagnen führen,* DOI 10.1007/978-3-658-07194-3_8

rung. Sie bemerkt lapidar: „Erst wird das Visuelle als Botschaft wahrgenommen, dann der ganze Rest."

Tatsächlich liegt die Vermutung nahe, dass das Zeitalter der Digitalisierung zugleich das Zeitalter der Visualisierung und Bilderdominanz ist. Denn gerade in den sozialen Medien werden Bildinhalte, ob bewegt oder unbewegt, immer stärker zur Inhaltsvermittlung eingesetzt. In dem Maße, wie die Sprachinhalte zurückgehen, schrumpft auch die Fähigkeit zur Abstraktion. Dem widerspricht allerdings der portugiesische Werbemanager José Pinto. Gerade durch Kurznachrichten wie Twitter entstünden neue Sprachformen und Verständigungsmuster. Zudem betont er die technologische und kulturhistorische Bedingtheit von Kampagnen: „Digitale Kommunikation ist Medium und Markt zugleich."

In einem ausführlichen Gespräch geht Ute Gunsenheimer auf die Spezifika institutioneller Auftraggeber ein. Die öffentliche Hand, zu der auch Wissenschaftseinrichtungen gehören, tritt immer stärker ins Licht der Öffentlichkeit.

Die Einschätzungen zu den einzelnen Themenfeldern wie integrierte Kommunikation, Kampagnenführung und Zielgruppenansprache ist erwartungsgemäß vielfältig und bisweilen auch widersprüchlich. Professionelle Kommunikation kennt keinen Königsweg, und Erfahrungswerte lassen sich nur bedingt generalisieren. Das eigene kritische Urteil hat nach wie vor Konjunktur.

Interview mit Heinz-Jürgen Kristahn[2]: *„Visuelle Kompetenz ist die entscheidende Schlüsselqualifikation"*

Stichwort „medialer Wandel": Haben Printmedien wie beispielsweise das Plakat im digitalen Zeitalter überhaupt noch eine Relevanz?

In der heute üblichen medialen Darstellung wird das Plakat oftmals zur Anzeige degradiert. Hier herrschen oftmals austauschbare Bilder, pointenlose Bild-Text-Kombinationen und unsinnige Bleiwüsten. Mit den ursprünglichen Eigenschaften und den signifikanten Wirkungsqualitäten eines Plakats hat der mediale Wandel jedoch ein neues Potenzial der Kommunikationsgestaltung hervorgebracht. Hier gibt es bereits deutlich sichtbare ästhetische Trends, die in der Massenkommunikation ihren Niederschlag finden und die Printmedien zumindest auch interessanter machen.

In die Entwicklung eines Plakats fließen höchst unterschiedliche Faktoren ein. Hierzu gehören nicht nur formale, gestalterische und ästhetische Kriterien (das so genannte Handwerk), sondern in besonderem Maße auch die Integration zivili-

[2] E-Mail-Befragung am 15. August 2015. Prof. Heinz-Jürgen Kristahn leitet das Berliner Institut für Kommunikation und Design und ist Emeritus der Universität der Künste, Berlin. Seit vielen Jahren beschäftigt er sich praktisch und theoretisch mit Plakatkunst und führt internationale Projekte in China und Deutschland durch.

satorischer, kultureller und politischer Entwicklungen, ebenso natürlich auch der Einsatz neuer Techniken und Programme der Informationsvisualisierung;

Was die Designer von heute mehr denn je brauchen, ist visuelle Kompetenz, um komplexe Zusammenhänge verstehbar zu machen und sich zugleich vom Mainstream abzuheben – doch ohne jeden Manierismus. Gerade in Zeiten von Globalisierung und fortschreitender Medienrevolution ist visuelle Kompetenz die entscheidende Schlüsselqualifikation für das Entstehen von wirkungsaktiven Plakaten.

Welche Rolle spielen Bilder (sog. Key Visuals) bei der Vermittlung von Botschaften? Ist diese Rolle in den letzten Jahren größer geworden?

Dies sollte umso wichtiger sein, als Kommunikation heute mehr denn je ein Kampf um Aufmerksamkeit innerhalb des medialen Overkills ist. Fakt ist aber auch: Gerade durch seine Verdichtung eignet sich das Key Visual grundsätzlich besonders gut dazu, in diesem Kampf um Aufmerksamkeit Punkte zu machen. Und kein Medium ist so sehr von den Maßstäben des Neuen, des Originellen und des Überraschenden geprägt wie das Plakat. Im Grunde handelt es sich um nichts anderes als um eine Hommage an den jeweiligen Zeitgeist und die Lust an der Übertreibung.

Die Erzeugung neuer Bilderwelten sowie ein Umfeld, in dem diese erlernt, ausprobiert und umgesetzt werden, helfen der Produktinszenierung im Printbereich zu neuem gesellschaftlichen Ethos.

All diese Parameter führen dazu, dass das Key Visual ein Motor gestalterischer Entwicklung oder visionärer Ästhetik sein kann. Das ist ein Anspruch, den die Kommunikationsbranche nur zu gern für sich selbst proklamiert.

Interview mit Wolfgang Kreuter[3]: *„Der digitale Wandel hat die Verwertungschancen eines Inhalts zum zentralen Modus werden lassen"*

Was ist – in Ihren eigenen Worten – integrierte Kommunikation aus PR-Sicht?

Die Sprache einer Persönlichkeit. Eine Persönlichkeit, die von sich, aus sich und für sich spricht. Eine Persönlichkeit, die nicht überzeugen will, sondern überzeugt, weil sie an sich glaubt und authentisch alle Möglichkeiten des Ausdrucks souverän zu nutzen weiß. Integrierte Kommunikation hat also nichts mit verbesserter Persuasion zu tun. Auch nichts mit entsprechenden Strategien zur Wirkungssteigerung von Kommunikation. Obwohl bessere Wirkungen zweifellos ein Resultat integrierter Kommunikation sein können, aber sie können eben auch ein

[3] E-Mail-Befragung am 10. Juli 2015. Wolfgang Kreuter war langjähriger Geschäftsführer einer internationalen PR-Agentur und arbeitet heute als Autor, Dozent und Berater.

Resultat höheren Mediendrucks sein. Integrierte Kommunikation ist das verbundene Ausdrucks- und Interaktionsreservoir einer Persönlichkeit, die sich als solche weiß, und deshalb vertrauensgeprägte Beziehungen zu anderen Persönlichkeiten und Öffentlichkeiten eingehen will und kann.

Welche Schritte und Maßnahmen müssen ergriffen werden, um medienübergreifend konsistente Botschaften zu entwickeln und zu senden?

Das muss mit der Analyse der Dialoggruppen beginnen. Deren Insights (entscheidende Gründe für Handlungs- oder Meinungsentscheidungen) sind Ausgangspunkt für die Gestaltung jeder Kommunikationskampagne. Gegen diese Insights müssen die USPs des Akteurs entwickelt werden, deren Glaubwürdigkeit mittels Tests überprüft werden sollte. Wenn die Glaubwürdigkeit bzw. Beziehungstauglichkeit der USPs geprüft ist, sollte die Tonalität bestimmt werden, die heute allerdings auch medienspezifisch variieren kann. Daher sind bei der Analyse von Dialoggruppen deren Mediennutzungsverhalten und kulturelle Eigenheiten ebenfalls zu untersuchende Größen.

Stichwort medialer Wandel: Ausdifferenzierung oder Nivellierung der Kommunikation – wohin geht der Trend?

Weder in die eine noch in die andere Richtung. Beide Begriffe fassen nur sehr allgemeine Bewegungsweisen. Die Feststellung, dass sich Medien ausdifferenzieren, ist in ihrer Allgemeinheit fast schon wieder banal. Es scheint eher derzeit in vielen gesellschaftlichen Segmenten oder Milieus erhebliche Ausdifferenzierungen von Kommunikation und Medien zu geben, während gleichzeitig vielfältige Nivellierungen stattfinden, sei es in thematischer Hinsicht, sei es in Hinsicht des Mediennutzungsverhaltens, sei es in Hinsicht der Hierarchisierung des Zugangs resp. der Teilhabe an öffentlicher Wirksamkeit. Eine rein systemtheoretische Betrachtung stößt hier aufgrund der Differenzsicht von System und Umwelt an ihre Grenzen.

Welche Auswirkungen hat der digitale Wandel auf Kampagnenentwicklung und Umsetzung? Gibt es dafür Beispiele aus Ihrer Praxis?

Der digitale Wandel hat die Entwicklungs- und Verwertungschancen eines konsumentengenerierten Inhalts zum zentralen Modus aller Kampagnen werden lassen, die unterschiedliche Medien integrieren müssen und hinsichtlich Wirkungstiefe und -dauer gefordert sind.

Allerdings stehen da viele noch am Anfang bzw. werden in den Startlöchern oft schon überholt, weil sie den Startschuss gar nicht mehr hören können.

Welche Relevanz haben noch die Printmedien?

Das kommt auf die Themen an. Für viele Themen, insbesondere im Bereich Politik, Finanzen, Sport, Ernährung, Gesundheit etc. sind Printmedien nach wie vor die Hauptwerbeträger und auch die wichtigsten Partner für die fachspezifische Inhalte produzierende PR.

Auch Unternehmen, die im Massenkonsum agieren, können auf Printmedien nicht verzichten. Besonders Special-Interest-Produkte erfordern Special-Interest-Medien. Die finden sich nach wie vor eher auf Print als im Netz, wenngleich es dabei natürlich auch integrierte Auftritte gibt. Aber der haptische und visuelle Gebrauchswert insbesondere von Frauenzeitschriften zeigt, dass dieser Medientyp auf längere Sicht nicht vom Printdasein abzulösen ist.

Wahr ist aber auch, dass der Medienkonsum der neuen Generationen Y sich derart dramatisch verändert, dass für viele Markenanbieter die Frage der medialen Ausrichtung sich grundlegend verändern wird.

Mehr Medien, mehr Botschaften, mehr Budget? Spiegelt sich der mediale Wandel auch in einer höheren Relevanz von Kommunikation wider? Worin äußert sich das?

Was ist mit Relevanz gemeint? Wenn damit gemeint ist, dass Kommunikation erfolgsrelevant ist, dann hat sich an dieser Beziehung nichts geändert. Auch nicht durch ein Mehr an Medien. Die Budgets stehen in wettbewerbsintensiven Märkten weiterhin allgemein unter Druck. Eine mediale Ausdehnung in die digitale Welt hat sicherlich zu einem Mehr an Auftritten, kreativen Impulsen und entsprechenden Botschaften geführt, nicht aber unbedingt zu mehr Budget. Die Budgets sind nur anders verteilt worden, und die Bereitschaft, zum Beispiel für Social Media mehr Geld auszugeben, dürfte weiterhin begrenzt sein. Allerdings ist an der Verlagspolitik großer Verlage (z. B. Axel Springer) zu erkennen, dass durch neue Vermarktungsstrategien diese den Werbetreibenden hinsichtlich der Integration von digitaler und klassischer Welt sehr differenziert entgegenkommen und damit ggf. auch mehr Risikofreude bei der Kommunikation auslösen.

Welche Rolle spielen Bilder (Key Visuals) bei der Vermittlung von Botschaften? Ist diese Rolle in den letzten Jahren größer geworden?

Ohne Zweifel. Nicht nur das Bild, insbesondere das bewegte Bild hat an Relevanz gewonnen in einer textlich überfluteten medialen Wirklichkeit. Sie sind mittlerweile Auslöser, Erinnerungsträger und geteilter Inhalt in einem. Es entwickeln sich möglicherweise sogar gänzlich neue Artefakte, die zu Kommunikationsspeichern werden können. Inwieweit dies für Kampagnenkreationen relevant wird, muss sicherlich noch eingehend untersucht werden.

Welche Bedeutung hat Storytelling? Wie wird dieser Kommunikationstrend Ihrer Meinung nach umgesetzt?

Storytelling ist kein Trend, sondern eine recht alte Methode der klassischen PR, die insbesondere in den frühen Jahren der amerikanischen PR im Kampf zwischen den journalistischen Mudrackers[4] und ihren Gegenspielern auf Unternehmensseite

[4] Der Begriff *muckraker* geht auf die Frühformen des investigativen Journalismus in den USA Anfang des 20. Jahrhunderts zurück.

entstanden ist. Man erinnere sich an Ivy Lee und seinen Kunden Rockefeller, für den er eine völlig neue Erzählweise kreiert hat. Storytelling ist allerdings heute ein Modebegriff, bei dem nicht immer klar ist, ob die, welche ihn gebrauchen, auch die Methode verstanden haben. Aber es ist unverkennbar, dass angesichts der Informationsüberlastung merk- und weitererzählfähige Geschichten ebenso wie Bilder und bewegte Bilder stärker ins Zentrum von Kampagnenarbeit rücken. Vermutlich wird das Storytelling als Methode aber noch ein wenig mehr Training der Akteure erfordern, denn die Beispiele merkfähiger Stories sind doch, wenn man mal von Daimler absieht, hierzulande noch recht überschaubar. Leider fehlt es ja in Deutschland an einer professionellen Filmindustrie, so dass mit der Qualität des amerikanischen Storytellings, das sehr stark von Hollywood inspiriert wird, noch nicht Schritt gehalten werden kann.

Gespräch mit Inga Meyer[5]: *„Einfach denken hilft"*

Was ist integrierte Kommunikation aus kreativer Sicht?

Wenn die kreative Leitidee ein einheitliches Bild, eine einheitliche Aussage, erschafft und diese Aussage durch die Kombination verschiedener Medien noch verstärkt wird, kann die Merkfähigkeit gesteigert werden. In so einem Fall kann von einer guten integrierten Kommunikation gesprochen werden.

Welche Schritte und Maßnahmen müssen ergriffen werden, um medienübergreifend konsistente Botschaften zu entwickeln und zu senden?

Grundsätzlich gilt: Einfach denken hilft. Je einfacher die Idee, je mehr sie quasi „auf der Hand liegt", desto greifbarer und merkfähiger ist sie. Und desto leichter gelingt es, diese Idee für die unterschiedlichen Medien passend zu machen

Welche Auswirkungen hat der digitale Wandel auf die Entwicklung und Umsetzung von Kampagnen?

Mit der Digitalisierung ist die Informationsflut noch gestiegen. Jetzt wird man nicht nur in der analogen Welt, sondern zudem auch auf digitalem Wege mit Messages bombardiert. Das bedeutet, dass sich der Kampf (der Unternehmen, Institutionen, Produzenten etc.) um die Aufmerksamkeit der Menschen, der Verbraucher noch verstärkt hat. Für die Kampagnenentwicklung kann das aber auch eine Chance darstellen, denn nur die beste, lustigste, originellste oder am besten umgesetzte Idee bleibt in den Köpfen hängen. Obwohl hier ehrlicherweise gesagt werden muss, dass am Ende auch das Mediabudget über den Erfolg einer Kampagne entscheidet.

[5] Persönliche Befragung am 20. August 2015 in Berlin. Inga Meyer arbeitet als freie Kreativdirektorin (Grafikdesign und Campaigning) und hat eine Vielzahl an nationalen und internationalen Kampagnen für politische, gesellschaftliche und wirtschaftliche Auftraggeber entwickelt und umgesetzt.

Der digitale Wandel hat auch zur Folge, dass Bewegtbild eine immer größere Rolle spielt. Alle Kunden wollen einen „Viral Spot“ – das ist kostengünstig, es entstehen lediglich Produktionskosten, und er kann ansonsten kostenlos im Netz verbreitet werden.

Ein weiterer Aspekt, der für die Entwicklung von Kampagnen relevant ist, ist vielleicht, dass jeder zum Star, zum YouTube-Star, werden kann. Dieses Potenzial kann und wird auch kreativ genutzt.

Welche Relevanz haben überhaupt noch die Printmedien?

Schwer zu beantworten. Denn der Erfolg einer Kampagne, die in Print gelaufen ist, lässt sich ja schwieriger messen als der einer Online-Kampagne. Print ist unverhältnismäßig viel teurer. Jedoch glaube ich, anders als es lange Zeit prophezeit wurde: Print stirbt nicht! Vielleicht ist sogar das Gegenteil der Fall. Vielleicht legen in bestimmten Bereichen die Menschen zukünftig wieder mehr Wert auf gute, hochwertige Printprodukte. Denn die Aufmerksamkeitsspanne bei Print ist um einiges höher als in der digitalen Welt.

„Analog ist das neue Bio“, sagt zum Beispiel André Wilkens. Zwar ist das Digitale nicht mehr wegzudenken, aber eines Tages wird die Freude über die analoge Welt wieder zunehmen. Davon wird auch das Printmedium profitieren.

Welche Rolle spielen Bilder (Key Visuals) bei der Vermittlung von Botschaften? Ist diese Rolle in den letzten Jahren größer geworden – auch vor dem Hintergrund der Medienkonvergenz?

Erst wird das Visuelle als Botschaft wahrgenommen, dann der ganze Rest. Bilder prägen sich im schnelllebigen Kommunikations-Wirrwarr besser und nachhaltiger ein als Text und die geschriebene Information.

Ist „Storytelling“ ein Thema für Dich, und falls ja, wie greifst Du dieses Thema auf?

Alle wollen glaubwürdig sein. Um glaubwürdig kommunizieren zu können, arbeitet man in der Branche gerne und oft mit sogenannten „echten“ Menschen als Botschaftern. Also nicht mit gekauften Models, sondern mit Leuten wie du und ich, die etwas Interessantes zu erzählen haben. Das schafft Lebendigkeit und Glaubwürdigkeit, so die Hoffnung. Und sorgt dafür, dass eine Message nachhaltiger transportiert werden kann.

Storytelling ist auch ein beliebtes Mittel in der PR. Menschen zu Wort kommen und durch sie die gewünschte Botschaft verbreiten zu lassen, ist nicht nur glaubwürdiger, sondern durchaus auch preisgünstiger.

Gespräch mit Ute Gunsenheimer[6]: *„Sprache ist das A und O“*

---

[6] Persönliche Befragung am 11. September 2015 in Berlin. Ute Gunsenheimer verantwortete langjährig internationale Kommunikationsprojekte für eine Berliner Networkagentur und

Was ist – in Deinen eigenen Worten – integrierte Kommunikation? Welche Rolle spielen dabei die Medien?

Integrierte Kommunikation ist das optimale Zusammenspiel verschiedenster Kommunikationsinstrumente und -kanäle, um ein strategisches Kommunikationsziel zu erreichen. Sie umfasst die Analyse, Planung, Organisation, Durchführung und Erfolgskontrolle mit dem Ziel, eine konsistente Kommunikation für eine Organisation, ein Produkt oder gesellschaftliches Anliegen zu gewährleisten. Die Medien können, müssen aber keine entscheidende Rolle sprechen. Das hängt vom Kommunikationsziel und der Zielgruppe ab.

Worin unterscheiden sich institutionelle Kampagnen von Marketing-Kampagnen?

Institutionelle Kampagnen sind kein Instrument, den Abverkauf von Produkten zu unterstützen. Sie setzen vielmehr auf die Vermittlung von Informationen, die einem gesellschaftlichen Nutzen dienen sollen. Leider zeichnen sich institutionelle Kampagnen häufig dadurch aus, dass sie eine viel zu breite Zielgruppe mit viel zu wenig Budget über einen viel zu langen Zeitraum ansprechen sollen. Aufgrund des geringen Mediendrucks verpufft daher häufig die Kommunikationswirkung. Ein „Weniger ist Mehr"-Ansatz wäre häufig im Sinne der Steuerzahler.

Was gilt es, bei der Umsetzung von paneuropäischen Kampagnen zu beachten?

„One fits all" gilt nicht. Paneuropäische Kampagnen bedürfen einer Adaptierung an nationale Rahmenbedingungen, um erfolgreich zu sein. Sprache ist das A und O.

Welche Relevanz haben Deiner Meinung nach die Printmedien als Kampagnenvehikel?

Meiner Meinung nach verlieren Printmedien nach und nach ihre Bedeutung.

Benötigen auch wissenschaftliche Institutionen professionelle Kommunikation und wie muss diese gestaltet sein?

Im Wettbewerb um beschränkte Ressourcen im Wissenschaftsbetrieb ist es unerlässlich, dass wissenschaftliche Institutionen professionell kommunizieren. Dies gilt auf allen Ebenen: mit den potenziellen Nutzern der jeweiligen Einrichtung (Studenten, Wissenschaftler), um dauerhaft hochkarätige wissenschaftliche Ergebnisse (Publikationen) zu erzielen, mit der breiten Öffentlichkeit, um den gesellschaftlichen Mehrwert der Einrichtung zu demonstrieren und um so die Unterstützung der jeweiligen Etatgeber (Ministerien, private Zuwender) langfristig zu sichern. Die Kommunikation muss die Erwartungen der unterschiedlichen Zielgruppen spezifisch ansprechen und deren Bedürfnisse passgenau befriedigen.

---

arbeitet heute als Head of External Relations & EU Projects bei der Forschungseinrichtung European Spallation Source (ESS) in Lund/Schweden.

Welche Rolle spielen Bilder (Key Visuals) bei der Vermittlung von Botschaften? Ist diese Rolle in den letzten Jahren größer geworden?

Es mag sein, dass im Zuge der Verlagerung der Kommunikation in die digitale Welt und durch die Erhöhung der Taktzahl Botschaften häufiger mit der Hilfe von Key Visuals verbreitet werden und eine höhere Aufmerksamkeit erreichen.

Welche Bedeutung hat, Deiner Einschätzung nach, Live-Kommunikation, insbesondere in Bezug auf Stakeholder?

Live-Kommunikation ist ein gutes Vehikel, um im Umgang mit Stakeholdern ein Gefühl der Ownership zu erzielen. Wichtig dabei ist, Stakeholder von Anfang an aktiv in die Planung und Durchführung von derartigen Kommunikationsaktivitäten einzubeziehen. Entscheidend ist, v. a. die Teilhabe am Erfolg über Gebühr zu würdigen.

Gespräch mit José Augusto Pinto[7]: *„Die Welt, die wir kennen, geht unter"*

Was ist – in Deinen eigenen Worten –integrierte Kommunikation?

Offen gesagt, habe ich mit diesem Begriff ein Problem. Er bezeichnet für mich weniger eine Praxis als eine Aspiration. Integrierte Kommunikation… Das beeindruckt den Auftraggeber, nach der Devise: „Wow, meine Agentur ist wirklich professionell aufgestellt." Also, integrierte Kommunikation ist zunächst auf rhetorische Wirkung ausgelegt, von vordergründig akquisitorischem Nutzen. In der beruflichen Praxis dagegen bedeutet sie den Anspruch der Verantwortlichen, einen Dialog mit Konsumenten, Stakeholdern, der Gesellschaft zu führen. Was oft vergessen wird: Integrierte Kommunikation muss auch nach innen funktionieren und die Mitarbeiter erreichen. Für eine Arbeitgebermarke ist es zumindest problematisch, wenn Markenimage und Unternehmensreputation zu weit auseinanderklaffen. Ich denke da z. B. an Unternehmen wie Amazon oder auch an die Bekleidungsbranche.

Was verstehst Du unter Kampagnenmanagement?

Eine Kampagne, das war im analogen Zeitalter ein strikt eingegrenzter Begriff. Die Plakate hängen eine Dekade an den Wänden und fertig. Heute fragt man viel stärker nach den indirekten Implikationen. Nicht zuletzt durch das Internet sind Kampagnen wesentlich langlebiger geworden. Man findet Motive und Werbespots auch noch nach Jahren im Netz. Dieser mittel- bis langfristige Impact wird heute kaum hinreichend bedacht. Kommunikation ist heute nicht mehr linear, sondern zirkulär. Für mich ist das der entscheidende Schritt hin zu einem weitsichtigeren Kommunikationsmanagement.

---

[7] Persönliche Befragung am 19. September 2015 in Berlin. José A. Pinto arbeitet seit 2000 als Manager für internationale Werbeagenturen, u. a. in Astana (Kasachstan), Berlin, London, Lissabon und Luanda (Angola). Momentan lebt und arbeitet er in St. Petersburg.

Welche Eigenschaften muss eine Botschaft haben, um sich überhaupt durchzusetzen?

Eine Botschaft hat zwei Seiten: Sie muss die Wirklichkeit getreu wiedergeben, also faktisch zutreffen. Zugleich jedoch muss sie, um in irgendeiner Form hervorzustechen, faszinierend sein, leuchten – überraschen. Beides zugleich zu leisten, ist nicht einfach. Kommunikation ist eben nicht bloß Information. Jenseits des rein Informativen muss es etwas geben, das einen tieferen Eindruck macht. Eine gute Botschaft, gut im werblich-affirmativen Sinne, vervollständigt die Wirklichkeit und transzendiert sie zugleich. Ein bekanntes Beispiel ist der Claim „Freude am Fahren". Das ist einerseits ganz wörtlich zu nehmen, es bringt aber auch etwas zum Ausdruck, das jenseits der Worte liegt und nur selbst erlebt werden kann. Diese subjektive Wirkungsdimension scheint mir sehr wichtig zu sein. Übrigens nicht nur in der Werbung, sondern auch in Rhetorik, Propaganda, PR, überhaupt bei jeder Form von Kommunikation, die ein Ziel verfolgt, welches außerhalb ihrer selbst liegt. Kurzum, eine Botschaft ist immer auch ein bisschen manipulativ.

Wie wichtig sind Emotionen?

Für Werbekampagnen gilt: Verführung liegt in der Phantasie. Es ist doch so, wir alle wollen träumen. Und je dunkler uns die Welt erscheint, desto größer ist unser Bedürfnis, ihr zu entfliehen. Eskapismus ist mächtig en vogue. Aber nochmals: Werbung oder ganz allgemein Kommunikationskampagnen müssen die Wirklichkeit durchdringen, über sie hinausgehen, sie im Wortsinn transzendieren.

Public Relations und Werbung – Ergänzung oder Gegensatz?

Gute Frage! Gibt es darauf eine abschließende Antwort? Das Verhältnis ist vollkommen in Auflösung begriffen. PR und Werbung waren nie ein Gegensatz, im Idealfall waren sie immer Ergänzungen. PR ist eher faktisch, Werbung eher emotional, übertrieben, bunt. PR muss aber auch verkaufen, etwas im Markt bewegen. Die Herausforderung für PR ist dabei größer, denn mit Fakten und bloßer Information kann man weniger begeistern. Werbung hingegen hat mehr Freiheit, die Freiheit der Phantasie. Dafür ist sie weniger glaubwürdig.

Welche Relevanz haben eigentlich noch die Printmedien für Werbung und Markenkommunikation?

Print ist unsere Herkunft, zumindest noch meiner Generation. Print ist der Versuch, die Zeit für den kurzen Moment der Lektüre festzuhalten, diese Vergeblichkeit ist sehr sympathisch (lacht). Doch im Ernst, Print ist objektiv ein wachsender Gegenwert in einer Welt, in der alles in Bewegung ist. Aber das Lesen muss durch die Sache gerechtfertigt sein. Deshalb sind die Ansprüche an die Inhalte von Print zweifellos höher geworden – denn nur, wenn etwas relevant für mich ist, bin ich bereit, mein Geld und, viel mehr noch, meine Zeit zu investieren. Qualität ist in den Printmedien wichtiger als in digitalen Medien. Die gleiche Logik gilt übrigens auch für Bücher – sie werden wieder zu etwas Besonderem. Wenn alle scrollen, wird Lesen zum Luxus. Warum nicht? Eine Ausnahme sind natürlich die Boulevardzeitungen.

Welche Rolle spielen Bilder (Key Visuals) bei der Vermittlung von Botschaften? Ist diese Rolle in den letzten Jahren größer geworden?

Die Rolle von Bildern war immer groß – von der Höhlenmalerei bis zu Facebook. Im Netz lebt das Bild so lange wie auf Höhlenwänden. Es brennt sich ein, es ist unauslöschlich. Aber das war immer so. Wir sind eben visuelle Wesen, und das Bild ist viel älter, archaischer, als das Wort.

Welche Rolle spielt überhaupt noch wortbasierte Kommunikation?

Ich teile nicht die kulturpessimistische Diagnose, dass Bildkommunikation das Wort verdrängt. Die Gutenberg-Galaxis, von der McLuhan sprach, ist noch lange nicht bis ins Letzte erkundet. Twitter beispielsweise ist ohne wortbasierte Informationen undenkbar. Der Hashtag ist meines Wissens ein Zeichen, ein Ideogramm – kein grafisches Element. Außerdem werden immer mehr Sprechakte verschriftlicht. In der Popkultur denke ich an Hip-Hop und Rap. Das Wort spielt hier eine enorme Rolle – übrigens in der Landessprache. Es gibt Rap und Hip-Hop auf Deutsch, Französisch, Portugiesisch, Arabisch und Russisch, mitnichten nur auf Englisch. Nein, Wort und Bild sind gleichermaßen stark. Das muss auch die professionelle Kommunikation berücksichtigen.

Was bedeuten Digitalisierung und soziale Medien hinsichtlich der Markenkommunikation?

Digitale Kanäle sind Medium und Markt zugleich. Entsprechend müssen sie gesehen und gebraucht werden. Digital ist eben auch ein Markt für Dienstleistungen, E-Commerce, Austausch von Informationen jedweder Art. Agenturen nutzen diesen Kanal zumeist nur als Medium, das ist viel zu kurz gedacht. Nochmals: Das Internet ist mehr als ein Medium, es generiert eigene Inhalte.

Ist die Macht der Konsumenten durch die neuen technologischen Möglichkeiten gewachsen?

Ich sehe das völlig ambivalent. „Die Macht des Konsumenten" klingt ja auch eher wie ein Marketing-Gig. Dennoch eröffnet das Netz völlig neue Möglichkeiten. Ich will es so sagen: Plötzlich wird deine Stimme laut gehört, auch wenn du ein Niemand bist. Die Stimme der Vielen wird zum Chor. Und der Chor zwingt selbst große Unternehmen zum Einlenken. Wir alle kennen ja Boykottaufrufe im Internet: „Kaufe nicht das, gehe nicht dorthin", diese Dinge… Die Rückkopplung ist aber meist nur kurzfristig. Einzelne Marken und Unternehmen können von außen beeinflusst werden, aber der Markt selbst? Ich habe da meine Zweifel. Occupy hat doch faktisch überhaupt nichts bewegt. Der öffentliche Druck wird aber tendenziell größer.

Sind Internet und soziale Medien Indikatoren einer umfassenderen Verwandlung von Wirtschaft und Gesellschaft?

Ohne Frage. Die Entwicklung ist nicht mehr zu stoppen. Das Internet ist jenseits von Gut und Böse, es hat eine neue Form der Öffentlichkeit geschaffen. Die digitale und die analoge Welt sind mehr oder weniger entkoppelt. Es gibt kein Zurück. Niemand wirft sein Handy aus dem Fenster oder zieht den Stecker aus dem Computer. Der Preis, nicht vernetzt zu sein, ist einfach zu hoch. Das gilt für Unternehmen und für Individuen.

Welches sind die Spielregeln der Kommunikation im digitalen Zeitalter?

In der analogen Welt war es möglich, sich die Aufmerksamkeit der Zielgruppen zu kaufen: eine Anzeige, ein Plakat, ein Werbespot. Heute gilt: „You have to earn attention" – die Qualität der Kommunikationsangebote muss eine ganz andere sein. Wir wollen unterhalten werden, fasziniert sein, träumen – und zugleich wollen wir den Dialog auf Augenhöhe führen und wahrheitsgemäß informiert sein. Das alles setzt das tradierte Kommunikationssystem massiv unter Druck. Das erleben wir momentan doch alle. Die Welt, die wir kennen, geht gerade unter.

Welche Rolle spielt Corporate Social Responsibility (CSR) in der Kommunikation?

CSR muss integraler Teil des Geschäftsmodells sein. Nachhaltigkeit gilt ohne Ausnahme für Management, Mitarbeiter, Umwelt und Gesellschaft. Die Kette hat hier keine Lücke. Das ist organisatorisch und kommunikativ noch immer ein offenes Feld. Kann eine Firma wirklich ethisch sein? Der Grundkonflikt zwischen ökonomischem Interesse und moralischer Verantwortung bleibt ja bestehen. Aber es führt kein Weg daran vorbei: Dieser Konflikt muss gelöst werden. Wir alle atmen die gleiche Luft.

Literatur

Bauman, Z. (2003). *Flüchtige Moderne*. Frankfurt a. M.: Suhrkamp.

Ausblick und Zusammenfassung 9

Drei Zukunftsfelder: demografischer Wandel, Multikulturalität, Globalisierung

Gesellschaft und Kommunikation befinden sich an einer Zeitenwende. Tradierte Kommunikationsmuster, die für unabänderlich gehalten wurden, sind durch die technologischen Möglichkeiten des Internets und der sozialen Medien innerhalb weniger Jahrzehnte relativiert, partiell sogar historisiert worden. Die Gewissheiten des analogen Zeitalters sind verflogen und mit ihnen ihre tradierten Kommunikationsmuster und -regeln. Die Kommunikation der Gegenwart findet in einem radikal veränderten gesellschaftlichen und technologischen Rahmen statt.

Aber nicht alle Regeln sind auf den Kopf gestellt. Klare Inhalte, präzise Botschaften und ein tiefes Verständnis der Motive und Befindlichkeiten der Rezipienten sind noch immer starke Pfeiler gelingender Kommunikation. Kampagnen erreichen ihre Ziele, wenn sie relevante Themen auf überraschende Weise inszenieren. Eine sorgfältige konzeptionelle Vorarbeit ist hierfür unerlässlich. Und doch: Das digitale Zeitalter unter den Vorzeichen der Liberalisierung, Globalisierung und Vernetzung – simultan und ubiquitär – bringt permanent neue Rezeptions- und Kommunikationsweisen hervor. Dialogfunktionen werden wichtiger, generalisierende Formen der Massenkommunikation verlieren deutlich an Strahlkraft, vieles verpufft irgendwo im Netz oder auf Sendung. An Informationen aus allen Himmelsrichtungen ist kein Mangel; Relevanz jedoch ist so kostbar wie noch nie.

Diese Unübersichtlichkeit der Märkte ist für Kommunikations- und Kampagnenmanager zugleich eine große Chance. Wo Autorität generell schwindet, sind richtungweisende Instanzen besonders gefragt. Auch kommerziell motivierte Kampagnen kommen nicht umhin, ihre gesellschaftliche Berechtigung zu belegen. Jede Form von Kommunikation ist immer auch – und womöglich sogar in erster Linie – Gesellschaftskommunikation.[1] Professionelle Kommunikationsfelder

[1] Das betrifft natürlich nicht nur die jeweilige kommunikative Spiegelung, sondern vielmehr noch das gesellschaftliche Schicksal jedes Einzelnen. Zur Vorstellung der Allgegen-

D. Pietzcker, *Kampagnen führen,* DOI 10.1007/978-3-658-07194-3_9

können daher niemals entkoppelt von Gesellschaftsentwicklungen betrachtet, analysiert und verstanden werden. Umso wichtiger ist es daher, einen Blick auf bereits virulente Gesellschaftsentwicklungen zu werfen, die sich in absehbarer Zeit noch verstärken und ihre volle Durchschlagskraft entfalten werden. Kommunikationsmanagement und Kampagnenführung erfolgen in Abhängigkeit von gesellschaftlichen und wirtschaftlichen Faktoren. In einem engen Sinne sind sie nichts anderes als die Anwendung sozialwissenschaftlicher Erkenntnisse unter politischen oder ökonomischen Auspizien.

Da sich Kampagnen niemals im sozialen Vakuum verbreiten, betreffen gesellschaftliche und wirtschaftliche Veränderungen sie unmittelbar. Weder Inhalt noch Form, weder Botschaft noch Ästhetik von Kampagnen sind außerhalb des sozialen Rahmens – des sozialen *Körpers* – überhaupt denkbar. Gesellschaftliche Entwicklungen können daher auch die Vorboten zukünftiger Kampagnenthemen sein:

> Soziale Bewegungen begleiten die Geschichte moderner Gesellschaften seit langer Zeit und sie kommen dennoch immer wieder überraschend. (…) Die stets wiederkehrende Überraschung mag mit dem Mechanismus von Massenmedien zu tun haben, die erst auf ein Phänomen aufmerksam werden, wenn es sich aufdrängt, und dann sehr intensiv berichten. Einflussreich ist aber auch, dass soziale Bewegungen immer wieder quasi ‚aus dem Nichts' entstehen. (…) Erst wenn sich diese Entwicklung vernetzt und koordiniert, wird eine soziale Bewegung sichtbar. (Roose 2013, S. 141)

Kampagnen und ihre Themen sind Seismografen des gesellschaftlichen Wandels. Sie bringen unmittelbar zur Sprache, was aus der Tiefe des sozialen Raums an die Oberfläche bricht. In diesem Kapitel werden daher drei besonders massive gesellschaftliche Veränderungen kurz diskutiert und auf ihre Auswirkungen für die Kommunikation geprüft. Diese drei Kräfte, die fast gleichzeitig den Kern der Gesellschaft erreicht haben, sind *Multikulturalität*, *demografischer Wandel* und *Globalisierung*.

Multikulturalität Das gesamte 19. Jahrhundert nährte in Europa, vor allem jedoch in Deutschland, die folgenreiche Illusion, dass ethnische, sprachliche und kulturelle Homogenität Ausdruck eines überlegenen Gesellschaftsentwurfes wären.[2]

---

wart gesellschaftlicher Prägungen bezüglich Herkunft und Zukunft vgl. v. a. Pierre Bourdieu und seinen Zentralbegriff des Habitus (Bourdieu 1987) sowie neuerdings Koppetsch (2013), S. 101: „Klassenzugehörigkeiten und Herkunftsbindungen entscheiden nun stärker über Lebenschancen. Der einst durch den Wohlfahrtsstaat aufgespannte soziale Raum zerfällt wieder in ethnische und klassenspezifische Lagen."

[2] Der erst kürzlich missglückte Diskurs um die deutsche Leitkultur war gewissermaßen ein gespenstisches Residuum dieser geschichtlich längst widerlegten Behauptung.

Als nüchterner Gegenwartsbefund ist hingegen anzuerkennen: Deutschland und Europa sind längst zu einem Einwanderungsgebiet geworden. Nationale Kulturtraditionen, eigene wie andersartige, gehen immer stärker in einem Konzept der Multikulturalität auf. Der Prozess umschreibt dabei weniger eine bewusste oder gewollte Anpassungsleistung mit ihren typischen Normkonflikten, sondern eher eine sich durch die Bevölkerungsstruktur organisch ergebende Konsequenz. Wenn die Bevölkerungsstruktur eines Landes multiethnisch, multireligiös und multikulturell ist, heterogen in jedweder Form, so wird die Gesellschaft selbst es zwangsläufig auch sein. Eine Gesellschaft sucht sich ihre Bevölkerung nicht aus, sondern geht mit ihr um. An dieser Stelle ist dieser Befund nicht politisch oder gar tagesaktuell zu bewerten, sondern lediglich aus Kommunikationssicht zu deuten.

Um heterogene Zielgruppen zu erreichen, benötigt man eine *Metasprache*, bei der die kulturellen Unterschiede aufgehoben oder nivelliert sind. Die Decodierung von Botschaften muss auch dann möglich sein, wenn die Rezipienten gewisse kulturelle Codes nicht kennen oder nur unzureichend internalisiert haben. In Konsequenz führt dies zur *Komplexitätsreduktion* der behandelten Themen. Ohnehin müssen Organisationen permanent ihre Botschaften auf die jeweiligen Rezipienten abstimmen. Für einen heterogenen Adressatenkreis werden daher Ausdrucksformen entwickelt, die nicht in ihrer Differenz, sondern nur in ihrer Gemeinsamkeit verstehbar sind. Eine neue Symbolsprache, wie sie bereits intuitiv in den sozialen Medien entsteht, wird breitenwirksam. Werden dadurch Kampagnen unfreiwillig zu Trägern kultureller Defizite? Das nicht, sie werden zu Symptomen eines tiefgreifenden kulturellen Wandels, dessen Ursache in einer veränderten Bevölkerungsstruktur liegt.

Auch der *demografische Wandel* gehört zu den vielen paradoxen Gesellschaftsphänomenen Europas und der westlichen Welt.[3] Während einerseits das Ideal der Jugend in zeitgemäßer Interpretation den öffentlichen Diskurs in Wirtschaft, Medien und Werbung bestimmt (Leistungsfähigkeit, Mobilität, physische Attraktivität, Betonung des Lustprinzips), ist die demografische Realität der Gesellschaft längst eine andere geworden. *Die Menschen, die in dieser Gesellschaft leben, sind in ihrer Mehrheit nicht mehr jung.* In wenigen Jahren wird das Medianalter in Deutschland bei 50 Jahren liegen, die Zahl der Hochbetagten steigt kontinuierlich, während die Geburtenrate konstant zurückgeht oder bestenfalls auf niedrigem

[3] „Es versteht sich von selbst, dass sich keines der Probleme der Menschheit ohne eine Stabilisierung der Weltbevölkerung, einen vernünftigen Umgang mit den erneuerbaren Ressourcen, die Rückkehr zu einer Kreiswirtschaft anstelle einer Wachstumswirtschaft, die Berücksichtigung der Gefahren des Klimawandels und so weiter lösen lässt." (Maris 2015, S. 127) Die globalen Probleme manifestieren sich mittlerweile ganzheitlich in jeder einzelnen Gesellschaft.

Niveau stagniert. Drei Trends sind dabei demografisch bedeutsam: der Trend zur späten Erstgeburt, der Trend zur Ein-Kind-Beziehung sowie der Trend zur Kinderlosigkeit.[4] Diese Entwicklung, die selbst bei massiv unterstellter Einwanderung irreversibel ist, führt zu einer Schrumpfung der Gesamtbevölkerung und zugleich zu ihrer voranschreitenden Überalterung. Die aus dieser demografischen Grundtendenz resultierenden Konsequenzen sind gravierend. Sie sind gesellschaftlich umso beunruhigender, als sie historisch beispiellos sind: Es gibt keine Vorbilder, keine Muster, keine Erfahrungswerte im Umgang mit diesem Phänomen. Dramatische Auswirkungen für Wirtschaft, Arbeitsleben, Konsum, Staat und Sozialwesen sind schon jetzt absehbar. Der Widerspruch lautet: Alle wollen alt werden, das Leben lange genießen, aber niemand will alt *sein*. Wie lässt sich das miteinander verbinden? Lässt es sich überhaupt verbinden? Aus diesem Paradox ergeben sich zahlreiche komplexe Kommunikationsthemen: Anti-Aging und Gesundheit, soziale Altersnetzwerke, der Trend zu lebenslangem Lernen, aber auch Erbschaften und Nachfolgeregelungen. Die Liste lässt sich verlängern. Spätestens bei Diskursen um Alterskrankheiten (Demenz), um die unklare ökonomische Basis der Altersversorgung und ein selbstbestimmtes Leben und Sterben im hohen Alter geraten medizinische, wirtschaftliche, ethische und philosophische Grundüberzeugungen unter Druck. Überzeugende Antworten stehen aus. Die fundamentale *Verformung der Gesellschaft durch die demografische Entwicklung* wird völlig neue Kommunikationsthemen und Ausdrucksweisen hervorbringen. Kampagnen können die gesellschaftliche Entwicklung nicht ausblenden; sie bilden sie ab. Mit dem demografischen Wandel öffnet sich für ein kurzes Zeitfenster eine alternde Zielgruppe von bemerkenswert robuster Konstitution.[5]

Globalisierung schließlich bezeichnet die historisch neue Erfahrung, dass Gesellschafts- und Wirtschaftstrends, aber auch Krisen, zunehmend simultan und länderübergreifend auftreten. Oftmals treffen sie direkt oder indirekt die *gesamte Menschheit* wie z. B. Klimawandel, Umweltzerstörung oder auch die neoliberale Ökonomisierung der Lebens- und Arbeitsverhältnisse. Die Märkte sind größer als Länder, Staatenbünde oder Kontinente. Diese Form der *globalen Simultaneität* hat längst die Kommunikation erreicht. Alles geschieht gleichzeitig, Ereignis und Information fallen zusammen. Vermeintlich externe Krisenphänomene strahlen bis

[4] So Roderich Egeler, Präsident des statistischen Bundesamtes, auf der Pressekonferenz zur Bevölkerungsentwicklung in Deutschland, am 25. April 2015 in Berlin.

[5] Nach einem Helden der Marvel-Comics werden die einkommensstarken Fünfzigaufwärtsjährigen *Silver Surfer* genannt. Soziologisch zutreffender ist die Bezeichnung „healthy wealthy westerner". Es leuchtet ein, dass die Reichtümer einer materiell privilegierten Mehrheit nur auf Kosten minoritärer Abstriche gewährleistet werden können. Diese Abstriche betreffen aber erstmalig die nachfolgende, nicht die dahinscheidende Generation.

tief in die Gesellschaft ein. Berichterstattung wirkt kurzatmig, fragmentarisch und wird ohnehin rasch obsolet.

Kommunikationsmanagement befindet sich damit in einem Umfeld, welches sich durch Instabilität. Relativismus und Augenblicklichkeit auszeichnet. Eine Information, etwa in Form einer Kampagne, wird allein schon durch die Tatsache relativiert, dass die möglichen Rezipienten Zugriff auf eine völlig unübersehbare Zahl an weiteren Kommunikationsinhalten und -formen besitzen. Dieses Umfeld ist aus Sicht der Kommunikatoren extrem kompetitiv, bisweilen sogar mörderisch. Kommunikationsmärkte sind wie jeder Markt volatil; wo das Informationsangebot die Nachfrage übersteigt, können auch Kampagnen schnell inflationär wirken. Nur durch eine neue Qualität der Kommunikation, durch Dialog und Relevanz, kann dieses Dilemma vermieden werden. In Zeiten der Unordnung gewinnt der Wert der Orientierung – nicht als Funktion, sondern als innere Überzeugung, das Richtige zu tun – massiv an Bedeutung.

Kommunikationsmanagement und Kampagnenführung sind technisch, konzeptionell und operativ anspruchsvoller geworden. Ihre Spiegelfunktion als Abbild gesellschaftlicher und wirtschaftlicher Strömungen haben sie beibehalten. Zugleich jedoch müssen sie die viel schwierigere Frage beantworten, in welche Richtung diese Strömungen überhaupt fließen.

Literatur

Bourdieu, P. (1987). *Die feinen Unterschiede. Kritik der sozialen Urteilskraft*. Frankfurt a. M.: Suhrkamp.

Koppetsch, C. (2013). *Die Wiederkehr der Konformität. Streifzüge durch die gefährdete Mitte*. Frankfurt a. M.: Campus.

Maris, B. (2015). *Michel Houellebecq, Ökonom. Eine Poetik am Ende des Kapitalismus*. Köln: DuMont.

Roose, J. (2013). Soziale Bewegungen als Basismobilisierung. In R. Speth (Hrsg.), *Grassroots-Campaigning* (S. 141–157). Wiesbaden: Springer VS.

7297284R00060

Printed in Germany
by Amazon Distribution
GmbH, Leipzig